俄罗斯现代园林景观

MODERN LANDSCAPE ARCHITECTURE IN RUSSIA

杜安　赵迪　著

中国建筑工业出版社

图书在版编目（CIP）数据

俄罗斯现代园林景观 / 杜安，赵迪著. —北京：中国建筑工业出版社，2015.5

ISBN 978-7-112-17985-5

Ⅰ.①俄… Ⅱ.①杜… ②赵… Ⅲ.①园林艺术—介绍—俄罗斯—现代 Ⅳ.①TU986.651.2

中国版本图书馆CIP数据核字（2015）第064690号

责任编辑：吴宇江
整体设计：贺 伟
责任校对：陈晶晶 党 蕾

本书较为全面和详尽地介绍了俄罗斯现代园林景观。作者在历时多年实地考察的基础上，对俄罗斯现代园林景观的百年发展历程作了全面梳理；对其景观特色作了详尽的分析；对20世纪诞生的俄罗斯文化休息公园、纪念园林、城市纪念性广场、森林公园、体育公园、植物园、动物园、儿童公园、校园景观、展览公园等不同的园林类别以及30多件代表性作品，10多个重要城市的绿地系统均作了具体介绍，向读者展现了俄罗斯现代园林景观的完整面貌。书中很多图文资料和数据信息均为首次公开发表，这对于风景园林工作者、外国艺术史与园林史的研究者以及对俄罗斯文化艺术感兴趣的读者均具有重要的参考价值。

俄罗斯现代园林景观
杜安 赵迪 著
*
中国建筑工业出版社出版、发行（北京西郊百万庄）
各地新华书店、建筑书店经销
北京京点图文设计有限公司制版
北京缤索印刷有限公司印刷
*
开本：889×1194 毫米 1/12 印张：16⅔ 字数：450千字
2016年1月第一版 2016年1月第一次印刷
定价：158.00元
ISBN 978-7-112-17985-5
（27094）

前　言

自18世纪初始，伴随沙皇彼得大帝的一系列改革，通过将法国古典主义园林在圣彼得堡近郊以巨大尺度进行移植，俄罗斯传统园林开启了西化进程并走向迅速繁荣，诞生了彼得宫等世界园林史上十分重要的艺术作品。由于地理条件和文化背景的差异，俄罗斯传统园林在19世纪后期逐步演变为适应本土文化、具有民族特色的自然风景园、贵族庄园、墓园等园林形式。苏联时期（1917～1991年），作为与西方资本主义对抗的社会主义国家，其保持了社会文化的相对独立，园林行业在政府计划经济的指导下表现出鲜明的政治属性，园林建设快速发展并取得了显著的成果。同期，苏联园林广泛地影响到各个加盟共和国和包括中国在内的其他社会主义国家。苏联解体后，俄罗斯社会发生着巨大的变化，园林行业对历史没有采取完全否定的态度，而是积极地予以保护与继承，并在全球化的影响下呈现多元化发展。

综合而言，俄罗斯现代园林景观的主要特征表现为：政治与权力的载体；纪念型园林景观广泛应用；平等、共有的设计思想；继承传统园林的部分造园手法；注重再现本土地域景观；和谐统一的自然观等。从地缘上看，俄罗斯现代园林景观的优秀作品集中在莫斯科、圣彼得堡、伏尔加格勒、基辅等一些历史悠久的大城市中，本书从中挑选代表性作品33件，代表性城市11个，在园林类别上涵盖了文化休息公园、纪念园林、城市纪念性广场、森林公园、体育公园、植物园、动物园、儿童公园、校园景观、展览公园、城市绿地系统等多个方面。

其中，文化休息公园是苏联独创的一种重要的景观类型，曾经在社会主义阵营的很多国家建设中得到广泛实践；纪念园林是苏联及俄罗斯现代园林景观实践领域的重要内容之一，并以其巨大的尺度，鲜明的主题和卓尔不群的艺术表现力而独具特色；城市纪念性广场通常是由建筑师、雕塑家和画家共同合作完成，它带有鲜明的时代烙印，呈现出建筑空间的序列与艺术气息；森林公园是俄罗斯各大城市及近郊占地规模最大、人工成分最少、以天然森林为主要依托的园林类型，很大程度上影响着整个城市生态；体育公园是一种综合性的多功能公园，用于多种体育项目的运动员共同训练和比赛，同时用于公众性休息、健身和运动娱乐；植物园的主要特点是尺度巨大、环境优美、核心区保留大片原始森林（禁伐林），同时强调其作为科研机构的属性；动物园的发展具有悠久的历史和良好的基础，重视对参观路线的设计，同时其科学的功能分区保证了参观者的安静休息；儿童公园根据儿童的智力和年龄段提供相应的具有良好自然环境和设施的游憩场所；校园景观在一定程度上面向公众开放，提供良好休闲场所，其规划设计按其专业类型的不同有着各自的特色；展览公园实际上是一种大型展览综合体，其主要功能是用来展示艺术文化、工农业科技等成就，同时成为深受市民喜爱的游憩公园。十月革命后，苏联在城市规划和建设中很注意发展园林和城市绿化，园林建设日新月异，城市绿地面积迅速增加，并改变了过去绿地分布不均的状况，其城市绿地系统的建设形成了完整的理论体系和特定的规划模式。

此外，对于俄罗斯现代风景园林学科和行业的杰出人物的研究，当前国内学界尚鲜有人涉猎，作者通过对相关俄文文献的发掘以及对相关人物的访谈等，介绍了一位国内尚不了解，但对于中国乃至国际风景园林学科和行业相当重要的杰出人物——杜比亚戈（Т. Б. Дубяго），将其作为一个独立的篇章，以附录的形式编入本书，旨在抛砖引玉，希望有助于业内对俄罗斯现代园林景观的进一步深入探讨。

20世纪50～60年代，新中国城市建设以学习苏联的理论和经验为主，经过本土适应过程，极大地促进了我国城市和园林的发展，奠定了现代城市建设的基础。深入地分析苏联时期城市景观的特征和重要作品，将为我国当代园林发展的研究提供有益参考。另外，俄罗斯在现代风景园林规划设计、城市生态系统、绿地系统、城市自然综合体建设方面取得了重要的成果，在世界园林体系中有自己的特色，对我国也有一定的借鉴意义。

本书由上海市园林设计院和天津大学建筑学院联合推介。作者在多年实地考察的基础上，结合俄中两国现有研究成果，对俄罗斯现代园林的历史背景、发展历程、景观特色、重要作品进行了较为详细的介绍，以期向读者展示俄罗斯现代园林景观的完整面貌，并引起更多读者的兴趣。由于水平所限，书中疏漏错误之处在所难免，诚望业界人士批评指正。

杜安　赵迪

2014年6月

目 录

1 俄罗斯现代园林景观概述

Общие сведения современной русской ландшафтной архитектуры

1.1 研究范围的界定

公元前约 400 ~ 600 年，东斯拉夫人开始生活在今乌克兰地区，后来逐渐演变成俄罗斯、乌克兰和白俄罗斯 3 个民族，在之后的 1000 多年里，3 个民族虽然经历数次分离与统一，但在各个领域始终保持密切的交流。乌克兰首都基辅是俄罗斯园林的起源地，它最早接受拜占庭的东正教，出现附属于庭院、修道院的小花园。到俄国沙皇时期，政治中心先后转移到莫斯科和圣彼得堡，尤其是在彼得大帝和叶卡捷琳娜二世当政时，西欧的规则式园林和风景式园林深刻地影响着俄罗斯的造园风格。19 世纪随着俄国版图的扩大，经过本土化改造的自然风景园林迅速普及，并影响到基辅、克里米亚以及白俄罗斯等地区。20 世纪，苏维埃社会主义共和国联盟（Союз Советских Социалистических Республик）在统一的思想领导下，各成员国交流频繁，社会主义联盟国在园林建设上较为统一，影响地域十分广泛。本书中所指的“俄罗斯”地域范围主要依据历史上东斯拉夫人的影响范围划分，在空间上泛指欧亚大陆北部地区原苏联疆域，主要包括俄罗斯联邦、乌克兰和白俄罗斯共和国以及苏联其他加盟共和国等，总面积达 2240 万 km^2，人口近 3 亿（图 1-1）。俄罗斯现代园林景观作品的时间限定从苏联时期一直到现今。

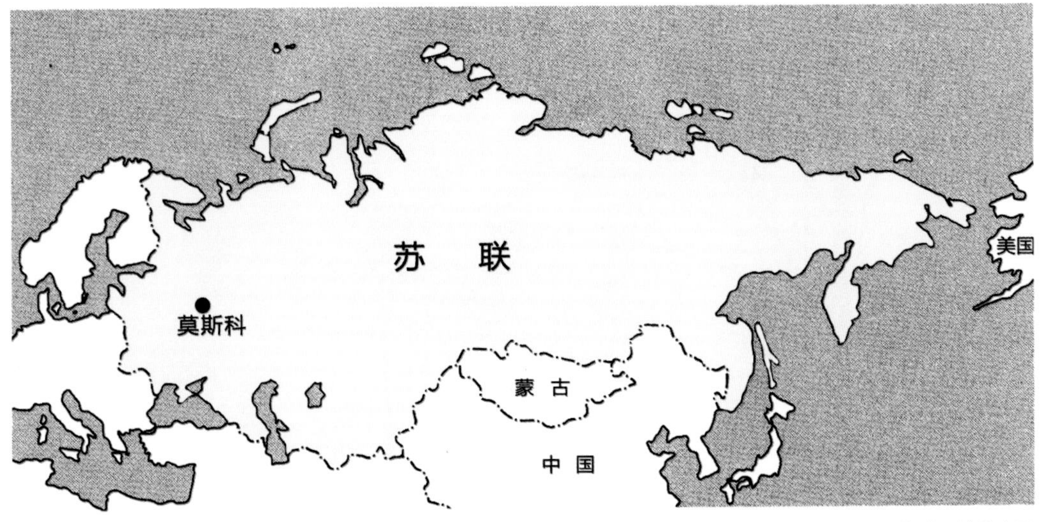

图 1-1　苏联疆域分布图

1.2 俄罗斯概况

俄罗斯联邦幅员辽阔，横跨欧亚两大洲，国土面积 1707.54 万 km^2，属于北半球温带和亚寒带的大陆性气候，冬季漫长寒冷，夏季短促温暖，降水偏少，年平均降水量为 530mm。1 月份平均气温为 −1 ~ −50℃，7 月份平均气温为 1 ~ 25℃。俄罗斯联邦地形以平原为主，其中平原、低地和丘陵占国土总面积 60%，欧洲部分河网密集，湖泊众多，水量充沛。从北到南依次为极地荒漠、苔原、森林苔原、森林、森林草原、草原带和半荒漠带。境内森林覆盖率占国土面积的一半多，自然资源丰富，种类多，储量大。首都为莫斯科，重要的园林城市有圣彼得堡等。

乌克兰面积为 60.37 万 km^2，北邻白俄罗斯、东北连接俄罗斯，其地理位置十分重要，成为历史上兵家必争之地，故饱受战乱之苦。乌克兰大部分地区属东欧平原，河流湖泊较多，国土受大西洋暖湿气流影响明显，多为温带大陆性气候，克里米亚半岛为亚热带气候。乌克兰国土矿产资源丰富，煤矿和铁矿储量巨大，还有石油、天然气、锰等多种矿产。首都为基辅市，重要的园林作品集中在基辅和克里米亚自治共和国。

白俄罗斯共和国，面积 20.76 万 km^2，东邻俄罗斯，南与乌克兰接壤。白俄罗斯是个内陆国家，为欧亚两洲陆路交通的必经之路。境内西北部多丘陵，东南部较平坦，有“万湖之国”的美称，主要气候为大陆性气候和海洋性气候。白俄罗斯工业基础较好，农业和畜牧业发达，社会经济稳定增长。划分为 6 个州和具有独立行政区地位的首都明斯克市。

俄罗斯历史悠久，上千年的文明孕育了这片土地以浓厚的艺术底蕴。俄罗斯境内欧洲部分的中部森林是俄罗斯民族的核心地区，俄罗斯人的祖先是东斯拉夫人的罗斯部落；

图 1-2 圣彼得堡街心公园内的纪念雕像

图 1-3 圣彼得堡瓦西里岛广场冬景

公元 6 世纪，由奴隶社会进入封建性质国家；9 ~ 12 世纪，形成统一的古俄罗斯民族，后来逐渐演变成俄罗斯、乌克兰和白俄罗斯 3 个民族。1236 年，成吉思汗的孙子征服俄罗斯并建立蒙古人管辖的钦察汗国。1682 年彼得一世（即彼得大帝）执政，北方战争（1700 ~ 1721 年）以后，领土得到进一步的扩大，俄罗斯从一个内陆国家变成濒海国；1721 年，彼得大帝改国号为俄罗斯帝国。叶卡捷琳娜二世（1763 ~ 1796 年）采用开明政策，此时俄领土空前膨胀，被称为“帝国的黄金时期”。1861 年亚历山大二世废除农奴制，19 世纪末至 20 世纪初发展成军事封建帝国主义国家。

1898 年，俄国成立了社会民主工党（苏联共产党前身），其先后领导俄国工农群众进行了第一次俄国革命（1905 年）和二月革命（1917 年，即资产阶级民主革命），并于 1917 年 11 月 7 日取得了十月社会主义革命的伟大胜利，建立了世界上第一个社会主义国家——俄罗斯苏维埃联邦社会主义共和国。1922 年 12 月 30 日，成立苏维埃社会主义共和国联盟（后扩大至 15 个加盟共和国），首都为莫斯科。1941 ~ 1945 年，希特勒入侵苏联，俄罗斯取得了最终的胜利。1991 年 12 月 8 日，俄罗斯联邦、白俄罗斯、乌克兰 3 个加盟共和国的领导人在别洛韦日签署《独立国家联合体协议》，宣布组成“独立国家联合体”，简称“独联体”。12 月 26 日，苏联最高苏维埃共和国院举行最后一次会议，宣布苏联解体，俄罗斯联邦成为完全独立的国家，是苏联的唯一继承国。

俄罗斯人民信仰的主要宗教为东正教，其次为伊斯兰教、天主教及其他宗教，俄罗斯通过宗教传入拜占庭艺术和希腊文化，建有大批的拜占庭风格的教堂建筑，教堂内汇集了宗教题材的艺术作品。俄罗斯是极具宗教品格的民族，在现实生活中，东正教所宣传的爱与宽恕的思想影响广泛，渗透到文化的所有范畴，使得文化具有了某种整体性，成为当时社会的典型特征。

俄罗斯国土横跨欧亚大陆，受东西方文化的影响，在东方主要追求的是领土扩张，在西方除同列强展开对抗外，还致力于文化的融合。俄罗斯民族经历了 5 次社会文化重建：吸收拜占庭文化、蒙古鞑靼文化的影响、彼得一世向西方学习、接受马克思主义和现代文化处于全球化影响的重组过程，除了蒙古鞑靼统治时期外，俄罗斯的“西化”过程是明确的，是社会发展的主线，与西欧的交流涉及各个领域。但是，俄罗斯一直难以达到与欧洲文明相同的高度，最终结合本民族的发展，逐渐形成了独特的地域文化。俄罗斯在领土扩张过程中，与亚洲国家（尤其是中国）相接壤，古老的东方文化传入俄国，引起了中国风的浪潮。同时，俄社会中汉学兴起，许多著名的作家如普希金、冈察洛夫、列夫· 托尔斯泰、高尔基等都对中国文化产生了浓厚的兴趣。中国自然山水园也让俄国贵族惊叹不已，在皇家宫苑中出现了大量处于模仿阶段的中式建筑和园林小品。

俄罗斯是在战火中成长起来的民族，其文化中的反抗和战争思想影响深远，其从一个欧洲的小公国发展成为横跨欧亚大陆的强国，与近千年的战争历史有着密切的关系。俄罗斯在与世界几乎所有大国强军的斗争中都取得过胜利，一系列战争使俄罗斯在二战后走到顶峰，成为世界二极之一。在这样一个充满战争和波动的国家，其思想和文化的发展必然受到极大的影响。俄罗斯文化中战争题材十分广泛，在绘画、文学、雕塑、戏剧、电影等众多方面都有表现，在园林景观作品中也烙下深深的印记，最突出的就是纪念型园林的繁荣。战争是极其艰苦的过程，统治阶级为了鼓励民众，多在城市中建造宏大的纪念碑和雕塑；苏联时期，纪念景观呈现多样化发展，纪念型的公园、墓园、广场、纪念碑综合体等在各个联盟国中广泛应用（图 1-2 ~图 1-4）。

广阔的平原、丘陵、森林、草原、河流和寒冷的气候构成了俄罗斯最显著的地理特征。这决定了在此区域无论有多少个民族和部落，最终都要统一在相同的思想下，拥有一样的信仰、道德、习俗和生活习惯；也解释了为什么俄罗斯各国经过多次分裂和独立却还有着相似的文化背景。广阔的平原地貌塑造出尺度巨大且平坦的园林景观，繁密的森林提供良好的环境，朴素的自然景观成为园林设计中重要的特征（图 1-5 ~图 1-7）。俄罗斯人尊重并热爱所拥有的自然资源，在历史上几乎没有出现过大规模的破坏活动，生态系统保持良好。苏联和现今的俄罗斯联邦出台有多部保护环境、构建生态系统的准则，还制定了相关的法律，社会上越来越多的人开始关注森林和环境的变化。俄罗斯的艺术从森林开始，弥漫着神秘、静寂和孤独的气氛，造就了艺术的深沉与宁静。

图 1-4　圣彼得堡战神广场冬景

1.3　俄罗斯现代园林景观的发展历程

俄罗斯园林艺术受到地域、宗教和欧化等众多因素的影响，历经几百年的演变，逐渐形成了融合性与民族性并存的局面。俄罗斯古典园林同西欧相比发展的较晚，这与他们之前受到蒙古族长期的奴役有着一定的关系。20 世纪以前的传统园林曾受欧洲园林的影响，主要包括彼得大帝效仿法国古典主义园林和叶卡捷琳娜二世引进英国自然式风景园林等阶段，由于地理条件和文化背景的差异，俄罗斯逐步形成具有本土化和民族化的传统园林，广袤的自然为园林建造提供了优良的环境基底。

近现代，俄罗斯民族饱受战争的洗礼，在城市、建筑和园林中广泛体现着政治和权力的精神。苏联成立之初，文艺界的主要任务是消除文化的不平等，原先归私人所有的

图 1-5　圣彼得堡街心公园一景

图 1-6　圣彼得堡道路绿化

图 1-7　索契城市绿化

图 1-8　莫斯科少年宫公园内的自然式风景

艺术作品归属国家，在这个过程中很多珍贵的作品遗失和损坏，大量的贵族庄园被改成俱乐部和学校，历史园林原貌遭到破坏。1941 ~ 1945 年，苏联同德国法西斯展开艰苦的斗争，战争的胜利彻底改变了世界格局，苏联地位空前提高，东欧新成立的社会主义国家与苏联形成社会主义阵营。战后，苏联社会进入快速发展的阶段，尤其是在科学和工业上进步显著。

苏联文化发展有着普遍性和局限性：一方面，教育普及率和国民素质大幅提高，群众性文化游憩场所迅速增加，实现全民共享丰富的艺术活动；另一方面，高度的中央集权带来了诸多弊端，斯大林时期苏联文化的模式形成了以下的特点：其一是以“阶级斗争”的观点来看待一切文化现象——即文化政治化，把复杂的文化现象简单地分为无产阶级和资产阶级，并极端对立；其二是把文化纳入高度集中的领导体制，导致理论和学术思想僵化，限制了学者和科研工作者的积极性。

苏联时期的国家体制为社会主义制度，要求人人平等，没有阶级和压迫，劳动人民共同享有一切资料。政府注重改善全民文化福利设施，绿地面积大幅增加，曾经属于皇家贵族的众多历史园林面向公众开放。城市公园根据不同的功能划分出详细的类型，既有以满足全民休闲游憩为目的的大型综合性公园，又有以满足不同群体需求的专类公园，包括文化休息公园、纪念公园、体育公园、水上和海洋公园、儿童公园、展览公园、动物园、植物园等（图 1-8 ~ 图 1-11）。1917 年，苏联政府提出了联合的“无产阶级”文化的政策，出现了新型的“群众性的文化休息公园”，这种特有的大型公园通常布置在城市公共中心和自然景色宜人的地方，可容纳数万人活动，将文化教育、政治工作、娱乐、体育、儿童游戏活动场地和休息环境等有机的结合，成为一种“文化综合体”。1928 年，第一座文化休息公园“高尔基文化休息公园”开放，并在全苏联得到积极响应（图 1-12）。同期，苏联成立公园设计室，并为数十个城市的公园规划设计方案，苏联文化部、苏联建筑师协会理事会等机构共同举办过 4 届全苏文化休息公园设计竞赛，以鼓励和促进各地区的公园建设。这种公园类型在其他社会主义国家的城市建设中得到广泛应用，兴盛时期，苏联建有几千个文化休息公园，凸显了社会主义制度下全体公民共同享有娱乐的权利。

苏联时期，许多园林成为政治的载体，纪念型园林迅速发展，领导阶层希望通过有形的物质来表达统治思想。1918 年革命初期，列宁签署了“纪念碑宣传计划”的文件，那些历史卓越人物和为自由而战的英雄们的雕像被安放在城市街道和广场上，自此用建造英雄雕塑来象征革命精神、鼓舞人民士气的热潮迅速普及，深刻地影响了苏联的城市面貌。大批雕塑家投入到这项活动中，但由于当时的材料简易，许多作品未能保留。20 世纪 40 年代反法西斯战争期间，即使人们被围困在列宁格勒城中（现称圣彼得堡），依然没有停止创作，艺术家用街头雕塑来鼓舞人民的斗志。第二次世界大战结束后，建设者的社会责任感增强，以战争胜利和爱国英雄为题材的雕塑、纪念碑大量涌现，人们更加深刻地理解战争带给国家的灾难，纪念型雕塑、广场、公园和墓园等成为城市元素的主流，是现今俄罗斯城市风貌的重要特征之一。莫斯科数轮的城市建设方案中均体现出浓重的政治色彩，建筑群整齐严谨，街道集中向中心克里姆林宫，设计师们试图将莫斯科建成社会主义的领袖城市。

20 世纪 50 年代，苏联出现纪念碑综合体的创作，用以纪念在前线牺牲的战士和在反对法西斯主义的战斗中献出宝贵生命的人们。这是一种新的综合艺术形式，以纪念碑为主体，组雕、高低浮雕、壁画、镶嵌画、油画、建筑、实物、文字、展览馆等作为辅助性表现手段，打破视觉艺术的范围，引进与主题相吻合的各种音响和“永不熄灭的火焰”（使用天然气持续燃烧）等，从而成为一种综合性强，表现力丰富，社会效果显著的艺术形式。纪念碑综合体的题材多为纪念国内战争和卫国战争，也有部分主题为征服宇宙空间和民族友谊等。在空间布局上可分为对称式、单一中心式、多中心式和多层立体式等。

由于地广人稀、资源丰富，许多城市中保留下成片的绿地，专业人员从更广阔的地域范围考虑城市的公园和绿地系统布局，城市郊区的大片森林被规划为公园，它们既为市民和游客提供游憩观赏之处，又改善了城市生态环境（图 1-13、图 1-14）。1918 年，苏联政府从彼得堡迁都莫斯科，将一切自然资源收归国有，列宁签署《俄罗斯联邦森林法》和《自然保护法》等，规定“莫斯科周围 30km 以内的森林执行严格的保护”。同时苏联政府还将街道、广场、居住区等的绿化工程作为重点，满足市民对居住环境的要求。俄罗斯城市的公共绿色空间逐渐分布合理、功能多样，得到普通民众的喜爱。苏联时期，园林绿化主要是采用政府统一管理的计划经济，而唯一可以私人拥有的就是花园，它占地面积小，仅在夏天使用。这样的花园很有特色，提供种植作物、休闲和体验乡村生活的场所。

1991 年 12 月苏联解体，俄罗斯联邦政府成立，这场国体变革使得社会面貌、政治结构、经济状况发生了重大的改变，俄罗斯艺术和文化在与西方国家的交流碰撞中不断寻找自己的发展模式。俄罗斯联邦政府积极地对待城市建设，逐步开展对历史建筑、园林的保护和恢复，提出恢复莫斯科历史中心面貌的设想，进一步保护城市的古迹遗址，重塑昔日辉煌及凝聚民族信仰，这些标志性建筑物的恢复改变了周围许多城

图 1-9　莫斯科大学植物园

图 1-13　莫斯科比特采夫森林公园景观

图 1-10　莫斯科卢日尼基中央体育场远眺

图 1-11　莫斯科动物园水禽区冬景

图 1-14　圣彼得堡涅夫斯基森林公园冬景

图 1-12　莫斯科高尔基公园内的滨水景观

市空间元素，使得大教堂及其广场、莫斯科河全景等更具备城市文化历史的核心作用（图 1-15 ~图 1-17）。

景观行业最重要的转变是不再由政府统一管理，许多个人事务所开始出现，设计范围更加广泛：包括新的城市开放空间设计，新旧居住区活动场地的美化更新，内院的建造，儿童和小区公园、城市步行道、滨水区设计、历史公园的现代化和改建，新主题公园的建设等。在郊区布置许多小花园，用以满足人们对于传统种植的体验。新阶层主要通过新式房屋与花园来展示他们的财富，对设计思路和材料选择要求很高，设计灵感主要来自于时尚的欧美园林设计作品。如今，受全球化的影响，俄罗斯景观行业面临失去民族特色的危险，整个行业都开始关注这个问题，以寻求好的解决方法和发展模式。

俄罗斯联邦注重对城市绿地的保护和规划，生态环境保持良好，环保执法严格。1998 年，莫斯科市计划在全市新辟 8 个自然保护区，加上原有的保护区及星罗棋布的街心花园和公园，绿地约占全市面积的 40%，人均绿地超过 30m^2，成为世界上绿化最好的城市之一（图 1-18）。1999 年底，莫斯科市杜马以法律形式正式批准《2020 年莫斯科城市发展总体规划》，这是俄罗斯城市建设发展史上第一部受到法律保护的规划文件，客观地规划了莫斯科未来 25 年的发展，提出许多富有探索性和可控制性的方法：如在绿地系统规划提出恢复城市自然综合体空间连续的方法（其中自然综合体用地包括所有具备保护、休闲和形成景观及建立城市自然景观骨架的植被和水体用地）；建立能广泛连接单块绿地的绿化分支系统，恢复和重建河流、谷地及其他被破坏的自然用地；建立休闲和环境保护绿地，形成连续的绿化走廊，发展成绿化水平高的城市 化地区(图 1-19)。同时规划还考虑新建部分专类公园、文化公园、体育公共场地和文化中心等，并进一步

图 1-15　圣彼得堡经改造后的莫斯科广场大型喷泉

图 1-16　圣彼得堡的莫斯科广场大型喷泉跌水

图 1-17　莫斯科河岸景观

图 1-18　莫斯科驼鹿岛国家自然公园景色

图 1-19　从城郊向市区延伸的大片绿地

图 1-20　伏尔加格勒英雄纪念碑综合体正面

图 1-21　列宁广场雕像前的规则式花坛

图 1-22　莫斯科大学主楼

图 1-23　全俄展览中心俄罗斯馆冬景

图 1-27　基辅《烛光》纪念碑及其地下纪念厅

图 1-24　全俄展览中心宝石花喷泉

图 1-26　特列波洛夫纪念公园雪景

图 1-29　圣彼得堡海滨胜利公园内“过山车”游乐设施掩映于绿荫丛中

图 1-25　广场以几何状的绿色草坡为构成要素

图 1-28　圣彼得堡胜利广场纪念碑前方以“狙击手”和“防御”为主题的大型群雕

完善城市步行区。新的规划将自然、生态、历史、文化、景观、交通等综合为一体，有利于城市的长远发展。

1.4 俄罗斯现代园林景观的特征

纵观俄罗斯园林兴盛发展的400年，在外界主要受东正教和西欧园林的影响，形成规则式与自然式结合的造园风格；近现代，战争让俄罗斯人民的思想空前统一，此时园林受到政治和社会的影响，呈现出强烈的民族特色。如今的俄罗斯联邦、乌克兰和白俄罗斯地区都较好地保留了历史原貌，莫斯科、圣彼得堡和基辅等城市中的现代景观作品具有鲜明的时代和民族特征。

俄罗斯现代景观带有浓厚的政治色彩和文化象征意义，成为宣传、教育和鼓舞人民的重要载体，是一个历史时代的产物；纪念型园林景观被继承和发扬，用以表现时代精神和对重要历史事件、革命领袖的纪念；全民共同拥有和享用的社会主义模式使得园林景观具备了平等、共有的设计思想，各种类型的城市公园功能完善，以满足不同人群的需求；继承欧洲传统园林的部分造园手法，注重再现本土地理景观风貌，形成大尺度的开敞空间，并将优美的自然元素引入园林中，尤其表达出对森林的崇敬与热爱。

1.4.1 政治与权力的载体

园林政治化是俄罗斯现代景观中最突出的特征之一，政治深深地制约和影响园林，而园林则从属服务于政治，表现了“发达社会主义”的意识形态和无产阶级文化。苏联园林建设被纳入高度集中的计划经济体系中，由专门的政府机构负责，最重要的一项园林政策就是组织和建造大量悼念战争的纪念性景观，后来又发展成为更加全面的纪念碑综合体和纪念公园，承载着宣传、政治教育及为公民提供休息场所的功能。20世纪50年代，苏联政府推崇个人崇拜，列宁、斯大林等众多领袖的雕塑被安放在城市的各个角落中，《祖国母亲》和苏军战士等题材的雕塑广泛应用在纪念园林中，此类雕塑成为政治的载体和权力的象征。（图1-20、图1-21）许多主体雕塑的高度、数量、造型等具有象征意义，如莫斯科胜利广场的方尖碑高141.8m象征人们在卫国战争中经历的1418个围困日，5级台阶象征5年的艰苦战争。

文化休息公园同样具备明显的政治和社会属性：建立各种不同的文化、娱乐设施及风景，以符合游人群众的要求；组织广泛的政治报告，解释苏维埃法律、共产党、苏维埃政府、地方党和苏维埃机关的决议和政策；宣传科学教育知识、科学成就、技术、艺术和文学，普及军事知识，并促进体育和运动的发展。

俄罗斯城市建设受到政治的影响，首都莫斯科是政治色彩表达最为鲜明的城市，设计师们试图将莫斯科建成社会主义的领袖城市，城市风貌烙上了权力和政治的印记，它是社会主义的核心和样板城市，是宣传和维护共产党统治的楷模城市（图1-22～图1-24）。

1.4.2 纪念性景观的普及

俄罗斯纪念园林的建造历史非常悠久，彼得大帝时期，具有纪念和象征意义的雕像被广泛应用到皇家园林中，雕像题材主要是来自神话与宗教中的人物。俄罗斯现代景观中继承并发扬了这一传统，城市中建设大量纪念主题的雕塑、综合体、建筑、广场和公园等，用以表现时代精神和对革命领袖的崇敬。俄罗斯民族经历数次战争的洗礼，人民需要英雄精神的支持和鼓励，苏联时期更是将这种思想发挥到极致。政府通过纪念景观以寄托情感、鼓励民众，这些景观与历史息息相关，能够展示特定时期的文化与成就，景观多与周围的建筑环境紧密结合，视觉冲击力强（图1-25、图1-26）。

为了歌颂卫国战争中的重大历史事件和英雄人物，在圣彼得堡、莫斯科、基辅等城市新建了一系列的纪念广场和胜利公园，这类作品在俄罗斯现代景观中占有特殊的地位，一方面是使得所纪念的事件、斗争、业绩和人物等永垂不朽，另一方面也成为城市绿地系统的重要组成部分。为了突出纪念意义，许多纪念广场的尺度巨大，远远超出人们的视觉经验，让观者产生一种敬畏的情绪，并产生超越普通感官经验的崇高感，从而震撼观者（图1-27）。苏联的纪念园林通常是由建筑师、雕塑家和画家共同合作完成，作品呈现出强烈的建筑空间序列与艺术气息。园林设计充分挖掘场地的文脉，注重对地形的塑造，制高点常设计有超大尺度的雕塑，有些雕塑的下方是纪念馆或展示空间（图1-28）。纪念园林在俄罗斯得到广泛传播，形成了独具特色的城市景观，是最具有民族特色的造园类型之一。

1.4.3 平等、共有的设计思想

苏联的社会主义制度实现人人平等，没有阶级和压迫，劳动人民共同享有一切资料。政府从为人民服务的角度出发，对遭到破坏的城市、居住区和公园进行恢复，所有公园对公众开放，并新建大量的绿地来满足群众休闲娱乐的需求，实现全民共同拥有和享用的模式，这种思想在其他社会主义国家的城市公园建设中得到广泛应用。

由于苏联政府控制土地的分配，可以将大面积的地块用于绿化，设计者依据不同功能对城市公园进行详细的划分，有综合公园和各种专类公园，重点建设大型综合性“文化休息公园”。这是一种特有的园林类型，是极其庞大的公园系统，将文化教育、政治工作、娱乐、体育、儿童游戏活动场地和休息

环境有机地结合，成为一种“文化综合体”（图 1-29）。公园规模宏大，可容纳数万人活动，服务于不同需求的各年龄段人群。例如“文化休息公园”涉及建筑、风景园林、文化、政治、艺术和环境等多个领域，需要众多学科的工作者共同完成，为全民提供完善的教育、休息和娱乐场所。

1.4.4 对传统造园手法的继承

俄罗斯历史上经历了多次西化的过程，园林艺术延续着浓厚的欧洲风格，苏联时期的景观设计沿用 17 世纪的勒·诺特尔式规则园林和 18 世纪自然风景式园林的部分造园手法，在平面构图和空间处理上与欧洲古典园林相近，规划有明显的主轴线，布置网状或放射状道路，疏密变化的林地与草地形成充满自然情趣的景观。园林中保留宗教建筑，并与新的园林景观保持和谐统一，教堂既有从事宗教活动的功能用途，又成为园林的装饰要素。在园林中还会用到纪念碑和名人雕像来突出主题，这也是欧洲城市中常见的景观元素。大尺度的景观作品中常应用混合式的造园手法，以方便组织游人路线，并且注重与自然的结合，更好地展现俄罗斯的地理面貌（图 1-30 ~图 1-33）。

1.4.5 本土自然地貌的展示

俄罗斯地域特征之一为开阔的平原和丘陵，北部是森林地带，南部则是一望无际的草原，风可以毫无遮挡地吹过，故全境的气候平稳。四面开阔的地域，使得俄罗斯或是经常遭受邻人的袭击，或是团结起来向四周扩张，这是形成中央集权制国家的外部条件，也是长期对外扩张的本源。

辽阔的地域，保持良好的自然资源为俄罗斯园林创造了优良的环境基底，大面积的森林、湖泊、平原和草地被引入到园林中。俄罗斯帝国时期，大量的土地归皇室成员和贵族所有，此时建造的皇家园林和庄园尺度巨大，尤其是自然风景园盛行时期，广袤的森林不需要进行太多的处理就被划入已有的园林中或规划成新的附属花园。俄罗斯现代景观作品同样注重再现广阔的自然地貌，设计师在处理大尺度地块时，常在自然中寻找规则，布置多条贯穿全园的轴线和交叉的直线，以确认方向感，便于游人使用。例如，城市广场（尤其是纪念广场）多为面积巨大、高差变化小的规则式布局，表现出人为控制下的几何图案美，呈现出强烈的秩序感，特定主题的纪念碑和雕塑常为构图中心，供瞻仰的人们回顾历史和怀念领袖；雕塑、园路、水池、花坛、植物依据轴线对称展开，突出庄严的气氛。

1.4.6 和谐统一的自然观

“自然”一词最初主要是在本性意义上使用的，即“自然”是自我运动的，是生长着的事物的自我生成，因此没有什么比生命的诞生、成长更自然的了。

考察俄语语境，1984 年出版的《苏联百科辞典》对俄语中“自然”（природа）一词有两种理解：第一种理解包括：①从广义上讲，指的是一切存在着的事物，以及体现为各种形式的整个世界，大自然被用来表示物质或宇宙，这些意义同等重要；②自然科学的研究对象；③人类生存的自然环境的总和。

《苏联百科辞典》对大自然的第二种理解是：“人类所创造的供人类生存的物质条件。人类与自然之间所实现的物质交换过程是一种能够协调社会，调节生产的规律，是人类生存的条件。人类的活动对自然所造成的影响越来越显著，因此便需要协调他们之间的相互作用，使此作用变得合理。”这里重点探讨了人与自然的关系，特别强调了人类活动对自然的干预需要受控。事实上，在广袤的俄罗斯大地上，这种理解深刻影响着俄罗斯园林对场地特征的把控和干预程度。

受地域特征的影响，俄罗斯文化自古以来就崇尚自然、顺应自然、歌颂自然。俄罗斯民族以地大物博为荣，以不经修饰雕琢的自然的原生状态为美；俄罗斯艺术作品大都追求壮丽、恢宏的气势以及宁静、沉郁的风格。

俄罗斯民族有着与生俱来的深沉的森林情结与大地情怀。森林占俄罗斯国土面积的一半以上，再加之人口数量少，大面积的原始森林被保留下来。历史上，俄罗斯人民生活在茂密树林所围合的乡村中，森林给俄罗斯带来许多宝贵的财富，不仅提供了生产资料，还成为躲避袭击的避难所，是其最重要的自然文化，奠定了民族发展的基础（图 1-34、图 1-35）。俄罗斯人民对森林的感情极其深厚，历史上许多文学和艺术作品都表达了对其朴素、健康和神秘面貌的热爱之情，其中具有代表性的就是 19 世纪俄罗斯风景画。

俄罗斯文化艺术熨帖着大地，依赖着大地，以至于把大地母亲与圣母几乎混为一谈。在对自然的理解上，俄罗斯民族自豪于自己所拥有的自然资源，对其倍加珍视，习惯从整体性和普遍主义角度来理解世界，注重人与自然界和谐统一，这种和谐自然观在包括园林艺术在内的俄罗斯各艺术门类中不同程度地得到体现，对俄罗斯现代园林景观的发展有着极其深远的影响（图 1-36）。

图 1-30　马涅什广场和与亚历山大花园之间过渡的人工水景

图 1-31　圣彼得堡的莫斯科胜利公园内的自然式风景

图 1-32　明斯克植物园湖畔秋景

图 1-33　圣彼得堡的莫斯科胜利公园中央轴线景观

图 1-34　在天然森林基础上建成的莫斯科总植物园园景

图 1-35　莫斯科总植物园主入口处疏林景观

图 1-36　彼斯卡列夫斯基墓园内烈士墓碑与疏林草地融为一体

P
STOP

2 文化休息公园

Парки культуры и отыха

2.1 文化休息公园概况

2.1.1 产生背景

文化休息公园是苏联独创的一种重要的景观类型，它的产生最早可以追溯到 1917 年苏联政府提出的联合的“无产阶级”文化政策。文化休息公园超越了单一的园林范畴。根据苏共中央委员会在 1931 年 11 月 3 日的决议中的定义：文化休息公园是把广泛的政治教育工作和劳动人民的文化休息结合起来的新型的群众机构。因此，文化休息公园虽然是城市绿地系统的重要组成部分，但是其建设一是强调其政治属性，即公园不仅是城市绿化、美化的一种手段，更是开展社会主义文化、政治教育的阵地；二是公园被确立为一个人们进行游憩活动的机构，这意味着对容纳社会活动的建筑设施、场地的重视。文化休息公园以公园为载体，将文化教育、政治工作、娱乐、体育、儿童游戏活动场地和休息环境有机结合，本质上是一种文化综合体，它通常布置在城市公共中心和自然景色宜人的地方，公园规模宏大，可容纳数万人活动，具备多项功能。文化休息公园这一 20 世纪十分重要的规划思想和景观类型曾经在社会主义阵营的很多国家建设中得到广泛实践，也引起许多西方国家的重视（图 2-1、图 2-2）。

作为一种规模庞大的园林形态，文化休息公园的规划设计需要众多学科的工作者共同参与，涉及建筑、文化、政治、戏剧、会展、艺术、绿化等许多门类，并由风景园林师或建筑师主导完成。不同功能分区在总规划中的位置，各功能区与园林景色的结合，适应

图 2-1　圣彼得堡的莫斯科胜利公园冬季全景

图 2-2　圣彼得堡的莫斯科胜利公园内《少先队员》雕像

新功能分区的构图方式等都是公园规划设计中需要面对的新的课题。

苏联的文化休息公园设计理论，最初是在莫斯科高尔基公园建设的基础上发展起来的，这座建于苏联第一个五年计划之初（1928 ~ 1932 年）的大型公园成为随后许多苏联公园建设的样板，法国文学大师罗曼·罗兰在经过实地考察后对文化休息公园大加赞赏："我非常激动，要知道，所有这一切使理想变成了现实。在沸腾的大都市中心，在辽阔的人民公园里竟出现了美丽的文化休息公园（高尔基公园），真是太好了。奇妙的是，这种休息同时又是令人愉快的教育的源泉……" 由高尔基公园衍生出的苏联文化休息公园的设计理论为很多国家现代公园的设计与建设提供便捷、理性的分析方法和操作方法。例如，在新中国成立后百废待兴的社会、经济条件下，得到了广泛应用，诞生了合肥逍遥津公园、北京陶然亭公园、广州越秀公园等中国现代园林史上比较重要的作品。

2.1.2 功能分区

高尔基公园的分区设置被总结为文化休息公园的功能分区的设计方法，一般定义包括 5 个分区：文化教育机构和歌舞影剧院区（或文化教育及公共设施区）、体育活动和节目表演区（或体育运动设施区）、儿童活动区、静息区、经营设施管理区等。每个分区都有相对固定的用地配额，同时对道路、广场、建筑、绿化的占地比例也有着详细的规定。公园全年对公众开放，已经成为城市重要的组成要素，用以提高人们的政治、文化水平，具有显著的教育意义。此外，公园通常有丰富的植物种植以及广大群众易于欣赏和理解的园林布局，它一方面为游客创造优美的环境，提供休息、游憩和健身场所，同时扩展他们的文化眼界。

文化休息公园内，各个不同的分区有相应的布局方法。公园主入口是接纳游客最多的地方，通常朝向全市性的广场或主要干道，使公园与城市间有良好的互动。公园入口一般设有大型集散广场。同时，主入口的位置在一定程度上决定了公园用地规划和构图方式，修建有宽阔的园路、专用停车场、服务设施及游客驻留地等。入口通过喷泉、花坛、雕塑等作精心装饰。公园的次入口一般设在方便附近居民进入的地方，组织适当的集散广场。

公园的安静休息区一般设在易于到达且环境良好的绿地或水边。安静休息区在大型公园里所占范围最大，通过密林与喧闹的娱乐场所隔开，通常布置在较远但交通便捷的地方，周围有优美的景色、起伏的地形和多样的植被（图 2-3、图 2-4）。

儿童活动区一般选址于自然条件良好的环境中，通常是在地势起伏多变的绿地，小面积的水池或溪流周边，可以组织儿童进行水上活动。设计时考虑到儿童活动区应有充足的阳光，会建在较为开阔的场所，方便儿童嬉戏跑动（图 2-5）。

公园内的休闲娱乐及体育设施等专用设施、场馆通常集中于园内某一地点，同时在公园内辟有少量独立的活动场地，满足群众多样的娱乐需求。公园内各活动场地十分注重彼此之间的联系，布局合理，为游人创造良好的游憩条件。例如在儿童游戏区为了组织儿童的正常游戏，一般不会在其旁边设置喧闹的群众娱乐设施；体育竞赛、歌舞演出等噪声较高的活动会选择远离阅览室、图书馆、展览馆和安静休息区。此外，园内的大量密林成为各个分区之间的隔断，达到阻隔视线和消声的作用（图 2-6）。

文化休息公园内的建筑设施一般按其功能布置在相应合适的地方，并与公园整体环境相协调。例如，露天剧场或体育场规划在主干道附近，便于观众快速聚集和疏散；其中高尔基公园的入口设置大量的活动场馆，

图 2-3 高尔基公园大草坪上休憩的人群

图 2-4 高尔基公园内的花境

图 2-5 圣彼得堡的莫斯科胜利公园内的游乐设施

图 2-6 圣彼得堡海滨胜利公园内的大型游乐设施

使用方便。

2.1.3 布局结构

从布局结构来看，文化休息公园有自然式、规则式和混合式三种类型，主要依据自然条件来选择。一般而言，平坦的地区多使用规则式布局，修筑笔直开阔的林荫道，对称布置多种功能设施；地形变化丰富的地区（如山地）则用较少的成本建造出自然式的面貌，根据地形的高地修筑道路和分布建筑物，从而创造出富于表现力的平面构图；而实际设计过程中，混合式布局运用最广，著名的高尔基公园、圣彼得堡海滨胜利公园和圣彼得堡莫斯科胜利公园都采用这种布局方式，其中圣彼得堡海滨胜利公园将规则布局应用于运动场周围、轴线林荫道及斜干道汇合的公园中心，而其余部分则是自然式的（图 2-7）。

公园设计过程中会综合考虑各造园要素之间合理的规划比例，包括建筑物、绿地、水域、服务设施等。轴线是公园布局中最常用的要素，公园建筑物和主干道沿轴线布置，例如圣彼得堡海滨胜利公园、莫斯科高尔基公园内均可见到。园林其他要素依据设施和用途，与中轴线作对称或非对称布置（图 2-8）。

广场、永久性设施或林荫道可成为公园布局的组成部分（图 2-9），如莫斯科高尔基文化休息公园主入口处的春季大花坛群的构图中心就是一个广场，它夏季被用来作群众活动场地，冬季则变身为滑冰场。

大型文化休息公园的规划构图通常有两种布局形式：单一中心和多中心。单一中心构图即以一个重要的活动区为主中心，各个次中心都从属于主要中心，同时次中心必须建立在各单独地块范围内，属于地块的内部规划系统，满足不同功能的使用。例如莫斯科斯大林文化休息公园就是这种构图的典型。多中心构图一般呈并列式布局，常用于规划河湖岸边狭长地块的公园，多种活动中心沿着轴线徐徐展开，如高尔基公园等。

图 2-7 圣彼得堡海滨胜利公园水边的坡岸为游人提供了宁静的休憩空间

图 2-8 圣彼得堡的莫斯科胜利公园中央轴线景观

图 2-9 圣彼得堡的莫斯科胜利公园林荫道秋景

2.2 文化休息公园实例

2.2.1 莫斯科高尔基中央文化休息公园（Центральный парк культуры и отыха им. Горького в Москве）

莫斯科高尔基公园，原称中央文化休息公园，始建于1928年，1978年庆祝建园50周年时被命名为“高尔基中央文化休息公园”。公园位于列宁山下的莫斯科河畔，面积104hm²，是苏联文化休息公园的典范，也是莫斯科城市公园绿地系统极其重要的组成部分。

公园的原址最早是一片垃圾场，后成为1923年6月开幕的农展会临时用地，当时一群年轻的设计师团队制定了展会结束后对该地块的优化完善方案，也就是公园的首个设计方案，这些设计师包括建筑师扎列斯卡娅（Л.С.Залесская）、科尔热夫（М.П.Коржев）、克洛博夫（А.С.Коробов）、普罗霍洛娃（М.И.Прохорова）。公园的装饰工程是由主设计师利西茨基（Э. Лисицкий），雕塑家沙德尔（И. Шадр），艺术家伦金（В. Рындин）、杰伊涅卡（А.Дейнека）等所完成的。

1930年，针对中央文化休息公园的远景规划，莫斯科组织了一次竞赛，吸引了当时苏联最著名的设计师参与，这次竞赛被认为对推动苏联文化休息公园的理论和实践具有标志性意义，设计师们提交的方案不仅确定了公园的发展方向，而且进一步充实完善了正在逐步形成的苏联园林建设理论。当时最著名的设计师金兹布尔格（М.Я. Гинзбург）、梅尔尼科夫（К. С. Мельников）等都参加了竞赛——他们共提交了10个设计方案。多数方案都建议利用莫斯科河两岸用地，包括卢日尼基的全部地区，即今天的伏龙芝滨河路及列宁山上的大片土地构建一个巨大的公园系统。其中金兹布尔格的方案最具有代表性：该方案采用分散布局的原则，把公园和莫斯科河平行的区域划分为很多区块，每个分区各有一种文化教育设施，当人们沿着与河流平行的道路游览时，游人一直处于同一个分区内，而如果沿着与河流垂直的道路行走，则会逐渐贯穿所有区域。根据该方案的布局，展览区设在伏龙芝滨河路上，接着是科普区，旁边是科技区；群众体育运动区设在卢日尼基地区，其中心是最多可容纳10万观众，并带有露天剧场及看台的体育场，剧场建在河对岸的斜坡上，轻巧的吊桥连接着莫斯科河两岸，并连接着看台；由群众体育区继续向前至尽头是军事城，该区域设在公园边缘，以避免涉及园内其他活动；莫斯科左岸修建了宽阔的林荫道，沿林荫道设置了植物园和动物园，在该区域，等距设置了各种游乐设施；两岸的沿河地带作为水上体育保健游憩场所（图2-10）。

显然，这次竞赛提交了一系列具有前瞻性的规划，虽然高尔基公园本身并没有完全按照方案修建，但它们中的很多构思在1935年制定的莫斯科城市总体规划中都得到了反映。此外，在卫国战争前，弗拉索夫（А.В.Власов）领导下的一个建筑师小组对该场地又做过一轮规划，该方案中一些具体的设想，如卢日尼基大型体育综合体（1980年莫斯科奥运会主会场）如今已经得到实施（图2-11）。

高尔基公园空间组织结构的复杂性在于设计师必须在一定程度上保留和利用农展会原来的景观设施和建筑物，因此公园形成了如此大面积的广场和众多的文娱游艺设施，很多建筑物集中在正门旁边，大型花坛和一些游乐设施重合在一起。

根据高尔基公园的最终实施平面图，主入口位于公园的规则式区域，该区域中坐落着一些娱乐设施、展厅、饭店和咖啡馆。中心林荫路通向池塘，然后通往宽阔的岸边，此岸通向露天剧场。剧院后面是一片休息区——即公园的自然风景式区域（图2-12～图2-16）。

被黑色大理石纹玻璃和沙德尔的雕塑《划桨姑娘》所环绕的池塘和花坛是公园的布局中心。在花坛的侧林荫路上矗立着玛尼谢尔（М. Манизер）的雕塑《铁饼运动员》、《女体育老师》、《女芭蕾舞演员》。这里花钵被大量运用作为装饰（图2-17～图2-19）。

高尔基公园是一个规模巨大的绿色文化休憩设施综合体，它在国内（俄罗斯）首次建造了露天剧场和能容纳2万观众的超大电影院，它们坐落在岛上的大舞台上，舞台的大厅在岸上能容纳800人，还建有40m高（1934年）的跳水跳板和75m高（1937年）的滑雪跳台。公园内还建造了综合的（成套的）儿童区、科学技术区、休息区、按摩专科学校、冰舞学校和现代交际舞学校，以及第一批俱乐部和兴趣联谊会（图2-20～图2-22）。20世纪30年代在高尔基公园创建了新型政治和文化教育形式——戏剧节，露天剧场里上演了大剧院演员演出的歌剧《卡门》，芭蕾舞剧《高加索俘虏》，发展了冬季体育健身形式。20世纪30年代公园游客数量一年内达到了1000万。

在今天的莫斯科河畔，已经略显陈旧的高尔基公园是一个带有时代烙印的著名公园，建成后一度成为社会主义国家新型城市公园的象征。苏联著名作家A.法捷耶夫在公园内参加完作家代表大会后激动地表示：“在革命前的俄罗斯，这块地方曾经是令人厌恶的垃圾场，如今已变成了丰富多彩、百花盛开的花园，百万游人身临其境感到无比欢乐和幸福，这难道不正是反映我们伟大祖国从沙

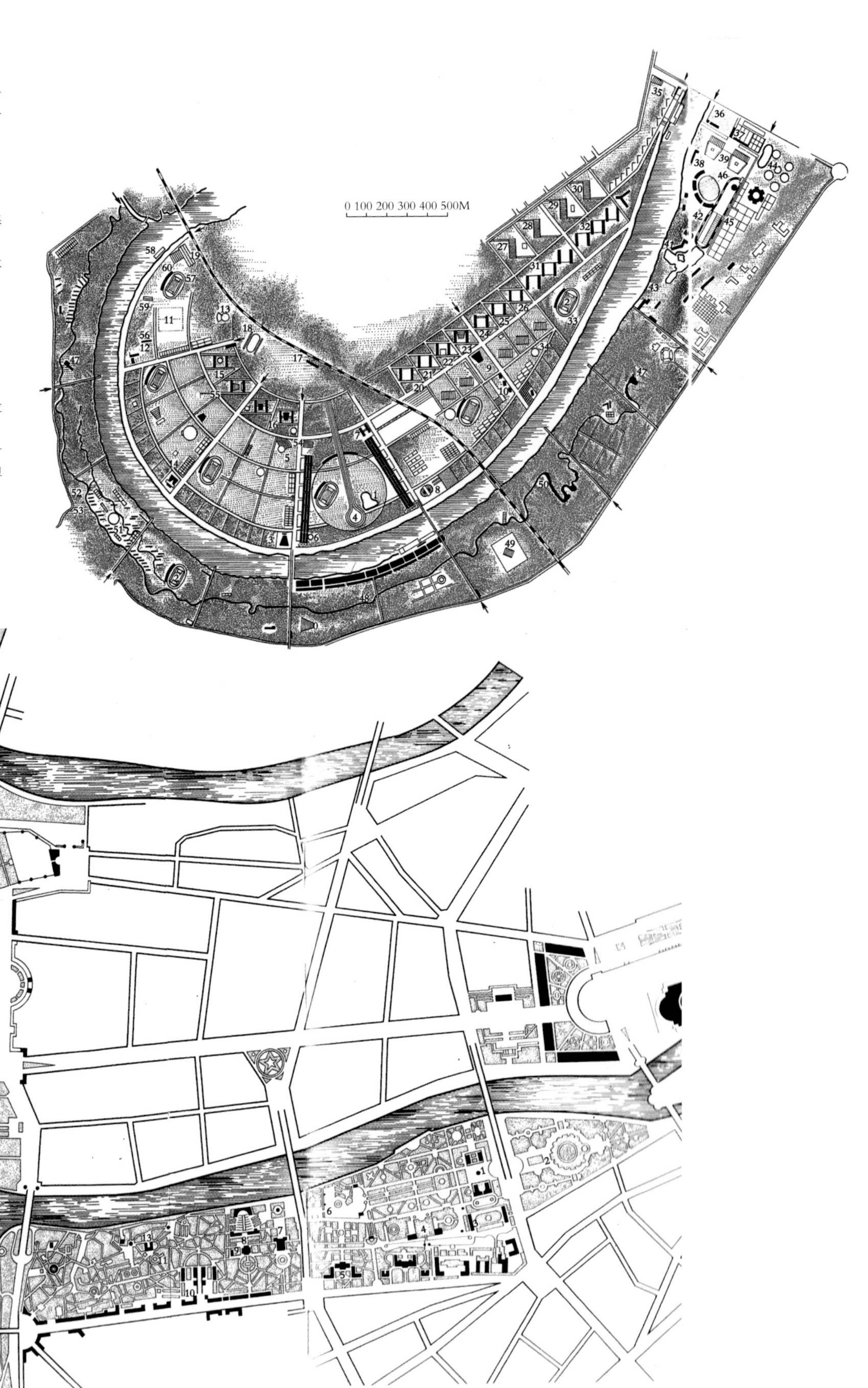

图 2-10　金兹布尔格提交的中央文化休息公园规划方案

1- 群众性运动场；2- 体育场；3- 综合剧场；4- 坦克停放场及专用道路；5- 音乐之家；6- 看台；7- 体育之家；8- 马戏场；9- 科技工厂中央大厦；10- 中央图书馆；11- 专用场地；12- 国防之家；13- 马术运动场；14- 影剧院；15- 地理矿物角；16- 工厂专用厅；17- 环形铁路车站；18- 电车枢纽站；19- 射击台；20 ~ 25- 科技工厂分部；26 ~ 32- 展览城分部；33- 音乐厅；34- 旅游基地；35- 露天展览场地；36- 积极分子之家；37- 公园管理处；38- 儿童活动区接待大楼；39 ~ 46- 儿童活动区分部；47- 安静休息区基地；48- 预检场；49- 地质角；50- 一日休息基地；51- 休息城；52- 气象站；53- 天文台；54- 全景图；55-《矿场》游乐场；56- 运动休息营；57- 技术演示场；58- 水上活动站；59- 群众活动场；60- 航空活动站

图 2-11　卫国战争前弗拉索夫指导下的规划方案

1- 主入口馆；2- 主入口前小游园；3- 体育场；4- 群众游乐场及游乐设施；5- 城市建设；6- 少先队水池；7- 文教活动馆；8- 露天剧场；9- 宫殿；10- 管理用房；11- 音乐剧场；12- 园林艺术博物馆；13- 休息亭；14- 温室；15- 植物博物馆；16- 植物园入口；17- 城市建筑；18- 通向河边的坡道；19- 滑雪跳台；20- 体育场；21- 动物园；22- 入口；23- 青年宫；24- 带有花园的体育场；25- 呈世界地图图案的水池

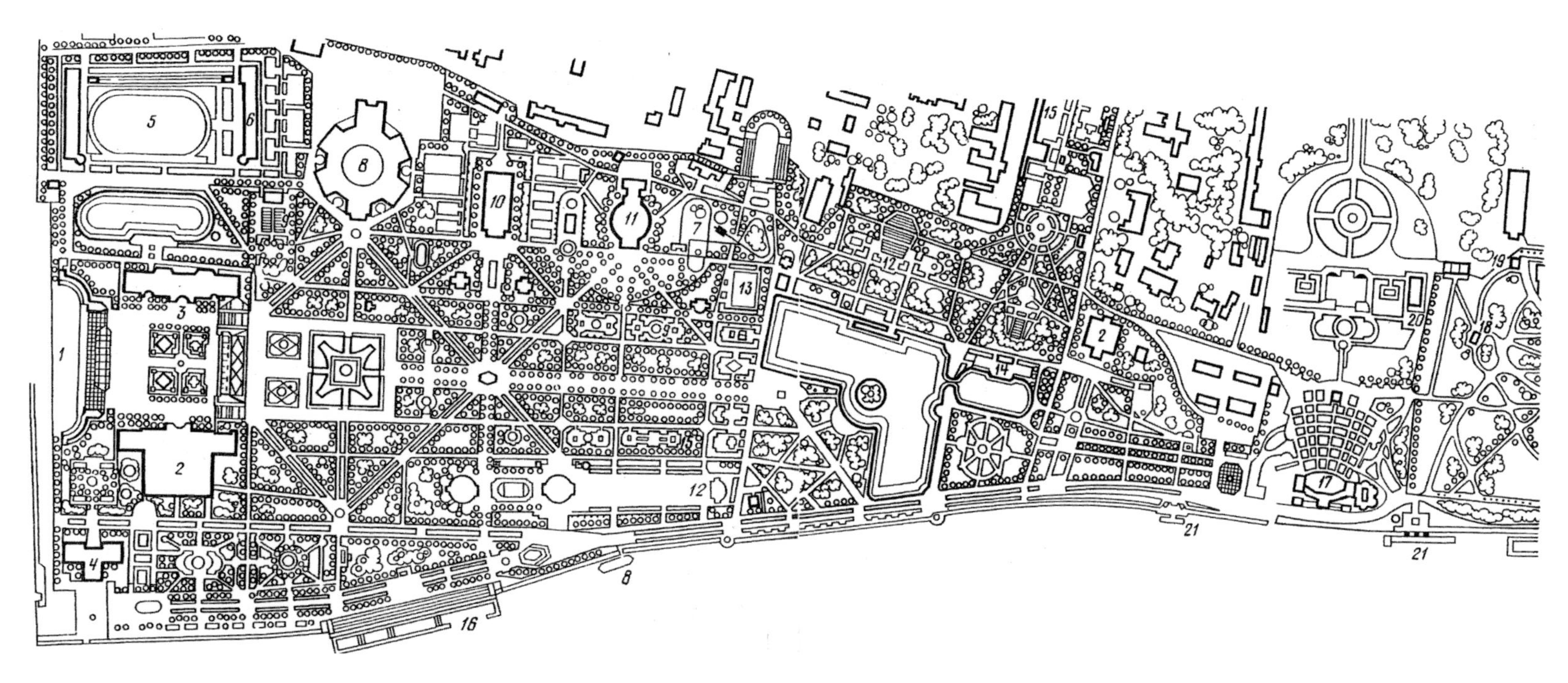

图 2-12　高尔基公园实施总平面图

1- 主入口；2- 展览馆；3- 文化教育工作馆；4- 电影院；5- 体育场；6- 体育馆；7- 过山车；8- 餐厅；9- 演讲厅；10- 话剧院；11- 马戏馆；12- 室外舞台；13- 小型娱乐设施；14- 咖啡吧；15- 火炬广场；16- 游船码头；17- 绿荫剧场；18- 阅览室；19- 小动物园；20- 儿童区；21- 码头

图 2-13　高尔基公园主入口

图 2-14　高尔基纪念雕像

图 2-15　高尔基公园内的露天咖啡吧

图 2-16　高尔基公园内的人工水体

图 2-17　高尔基公园内的立体花坛

图 2-18　高尔基公园休憩小广场

图 2-19　高尔基公园小广场上的水池和少女雕像

图 2-20　高尔基公园内的休闲设施

图 2-21　高尔基公园内的游乐设施

图 2-22　高尔基公园娱乐设施

皇腐朽的废墟到辉煌昌盛的社会主义所走的美好道路的象征形象吗？……”

2.2.2　圣彼得堡海滨胜利公园(Приморский парк победы им. Кирова в Санкт-петербурге)

海滨胜利公园位于俄罗斯第二大城市圣彼得堡市区，始建于 1945 年，是当时苏联为纪念战胜纳粹德国，于二战后在各地建造的一系列胜利公园中较为著名的一处。

公园坐拥绝佳的地理位置，其用地包括位于波罗的海芬兰湾的 3 处岛屿，分别是叶拉金岛、克里斯托夫岛和沃利岛，总面积达 243hm^2，包括 168hm^2 的海滨公园及游乐场，以及一个大型综合性体育中心——基洛夫体育场。公园周边有多个地铁站，交通十分便捷。

海滨胜利公园的规划采用主体规则式和局部的自然风景式相结合的布局(图2-23)。一条长 2km，宽 16m 的林荫大道自公园东面的主入口向西直抵海边的基洛夫体育场，成为公园的景观轴线（图 2-24）。林荫大道两侧分布着模纹花坛和修剪灌木。顺着林荫大道，自公园主入口往西，两侧分布着游乐场、文化教育设施和儿童区，进而是安静的休憩区，最后是大型体育综合体（图 2-25 ~图 2-30）。1966 年，世界各国代表曾在轴线两侧的“友好城市小街”种植树木花草，如今该区域几乎每一棵种植树木都有一块石板，上面刻着圣彼得堡姐妹城市的名字。此外公园内还设有露天浴场、划船水道以及一些“二战”的纪念性景观。

由于毗邻海湾，地质状况不佳，公园在建设初期基础工程量巨大，为了景观造型在沼泽地带平均垫土高度达 2m，而运动场所在的人工土丘填土方量达 100 多万方，此外公园内还开挖了约 18hm^2 的水面。

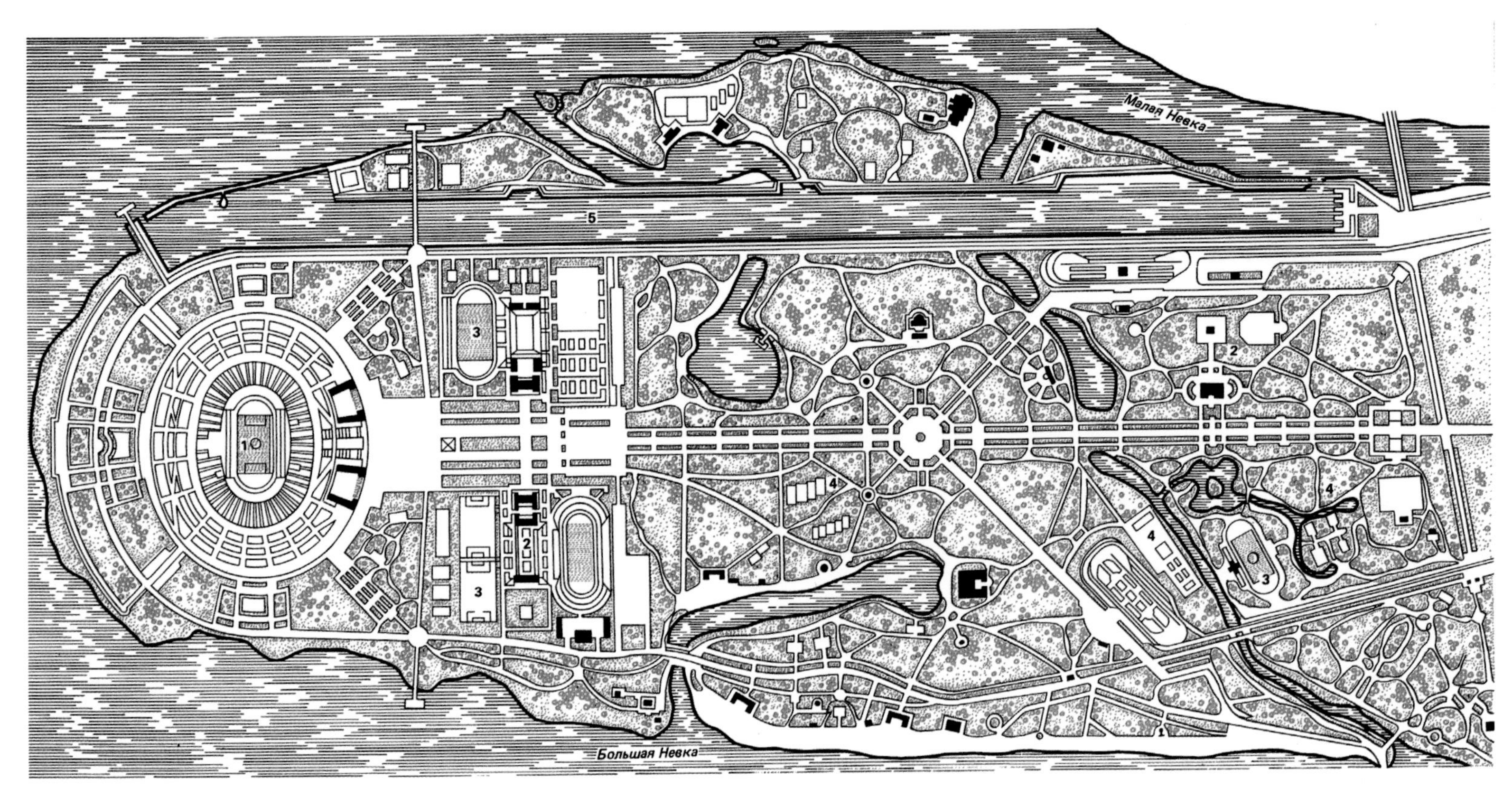

图 2-23 圣彼得堡海滨胜利公园总平面图

1- 体育场；2- 体育馆；3 ~ 4- 体育运动场地；5- 划船水道

图 2-24 圣彼得堡海滨胜利公园宽 16m 的中央林荫大道

图 2-25 公园中央林荫大道尽头的基洛夫雕像

图 2-26　公园入口处花坛

图 2-27　儿童活动区

图 2-28　公园游乐区入口

图 2-29　游乐区的疏林草地景观

图 2-30　公园游乐区的园路

广阔的景观空间，几何造型与自然的融合，欧洲园林风格的借鉴，鲜明的政治色彩，亲近自然的森林景观以及粗放维护的绿化，构成了圣彼得堡海滨胜利公园的主要特色。苏联解体后，针对公园的小范围改造一直未曾间断（图 2-31、图 2-32）。2006 年，圣彼得堡当局曾决定在海滨胜利公园内重新建造一座可容纳 6 万余名观众的大型运动场，作为圣彼得堡泽尼特足球俱乐部的主赛场，取代已经陈旧的基洛夫运动场。为此举办的国际设计竞赛中，当时由已故日本著名建筑设计大师黑川纪章亲自操刀的“太空船”方案一举胜出。但由于种种原因，直到 2007 年黑川纪章去世，该方案仍未付诸实施。

苏联时期的海滨胜利公园傍海而建，规模宏大，气势壮观，通过轴线和一系列极具象征意义的景观元素如纪念碑、英雄雕像等来突出其纪念性和政治色彩，而如今这里则成为圣彼得堡市民假日骑自行车、练滑板、划船、休闲散步的理想之地，设有大量的游乐设施、餐厅甚至美丽的海滩（图 2-33 ~图 2-35）。这种功能的转变在客观上反映了苏俄社会意识形态的变化，在俄罗斯的现代公园发展中具有一定代表性。

2.2.3 圣彼得堡的莫斯科胜利公园（Московский Парк Победы в Санкт-петербурге）

位于圣彼得堡的莫斯科胜利公园面积 $68hm^2$，主入口设在列宁格勒国际机场通往市区的主干道——莫斯科大街上，是圣彼得堡的地标性公园（图 2-36）。公园的原址是列宁格勒造砖厂。卫国战争前夕的 1939 ~ 1940 年间，俄国现代风景园林学科的先驱杜比亚戈（Т. Б. Дубяго）已经受命完成了将砖厂改建为一座文化休息公园的规划方案。战争期间，遭受围困的列宁格勒城内的军民死亡人数巨大，砖厂被改为该市最大的临时火葬场。由于火葬场承受力每天都达到极限，竟有多达 10 ~ 60 万人（据来源不同的统计数据）被就地掩埋在这片场地下。战争结束后，公园的建造按原计划推进，杜比亚戈对方案作了适当调整，更突出其纪念意义（图 2-37 ~图 2-40）。

公园于 1946 年建成开放，被命名为莫斯科胜利公园，以纪念战争胜利，缅怀死去的军民，因此具有特殊的政治意义。作为苏联文化休息公园的典范之一，杜比亚戈采用了典型的规则式与自然式相结合的规划方法——即混合式园林手法。这是一座具有鲜明苏联风格的园林，地块呈正方形，四边种植规则的行道树。东西向的中央林荫大道从主入口贯穿全园，两侧设有纪念英雄雕像；设有多条与之垂直的园路，道路的交叉口布置有纪念空间，一些池塘的驳岸线也笔直规整。而在园林的自然风景式部分，布有开阔的草坪、茂密的丛林、弯曲的园路，一些纪念碑和艺术雕塑点缀其间，营造出休闲放松的场所。公园环境优美，设施齐全，设有电影院、体育运动场、露天演奏台、咖啡馆和阅览室等，是圣彼得堡市民喜爱的休闲场所（图 2-41 ~图 2-48）。值得一提的是，杜比亚戈在规划公园的自然水系时还特别充分利用了战时留下的众多防御沟壑。

图 2-31　游船码头

图 2-32　游乐设施与绿化融为一体

图 2-33　自然生态的滨水景观

图 2-34　公园内的“摩天轮”游乐设施

图 2-35　圣彼得堡海滨胜利公园游乐区

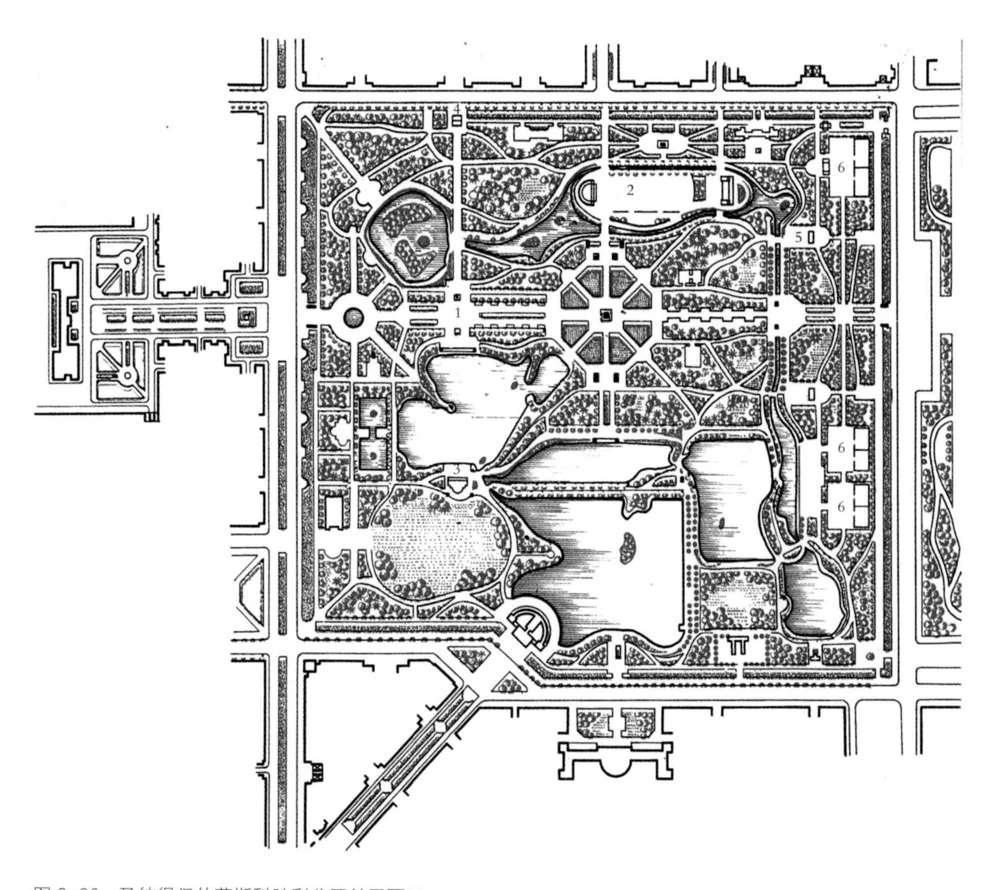

图 2-36　圣彼得堡的莫斯科胜利公园总平面图

1- 卫国战争英雄林荫道；2- 群众活动区；3- 露天演奏台；4- 咖啡馆；5- 阅览室；6- 体育运动场

图 2-37　圣彼得堡的莫斯科胜利公园主入口

图 2-38　水边的苏联红军雕像

图 2-39　公园内的纪念教堂

图 2-40　圣彼得堡的莫斯科胜利公园基洛夫雕像广场区域全景图

图 2-41　圣彼得堡的莫斯科胜利公园内的苏联红军雕像

图 2-42　圣彼得堡的莫斯科胜利公园林荫道冬景

图 2-43　圣彼得堡的莫斯科胜利公园内的运河景观

图 2-44　胜利公园冬景（左）
图 2-45　胜利公园内的绿色植物配置（右）

图 2-47　圣彼得堡的莫斯科胜利公园内的大型体育场馆

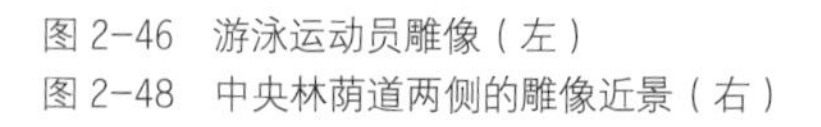

图 2-46　游泳运动员雕像（左）
图 2-48　中央林荫道两侧的雕像近景（右）

3 纪念园林

Мемориальные парки

图 3-1　莫斯科红场一角

图 3-2　卫国战争军人永垂不朽公园内的“烛光”纪念碑夜景

3.1　纪念园林概况

纪念园林是苏联及俄罗斯现代园林景观实践领域的重要内容之一，其景观形式主要表现为纪念碑综合体、纪念公园、纪念性陵园、名人墓园和故居等。纪念园林以其巨大的尺度，鲜明的主题和卓尔不群的艺术表现力而独具特色（图 3-1）。

俄罗斯纪念园林的历史非常悠久，彼得大帝时期学习法国勒诺特尔园林，其中重要的造园要素——雕像就被广泛应用到宫廷园林中。当时的雕像题材主要来自神话与宗教，造型多为模仿欧洲的古典主义人像，由于多采用镀金贴面，所以显得十分华丽富贵。其中有不少雕像是极具象征意义的，如在彼得宫大宫殿前中央大瀑布景观群中心，耸立着与狮子搏斗的参孙雕像，象征着俄国在北方战争中的胜利。之后在彼得堡又建造了彼得大帝青铜雕像、普希金像等。从沙皇时期开始将雕像作为纪念性的园林景观迅速普及。

俄罗斯民族饱受奴役、战争，但最终实现领土扩张。在这个艰苦的过程中，人们需要一种英雄主义精神的支撑和激励，尤其是苏联时期，更是将这种思想发挥到极致，鲜明的政治色彩始终是当时风景园林中最突出的特征。社会主义国家是新型制度，充满了未知与挑战，卫国战争后俄罗斯民族的热情得到极大的鼓舞，城市中出现大量的纪念园林，以寄托情感，鼓励民众，这是苏维埃政权下极具特色的民族财富。纪念园林代表了俄罗斯民族的时代精神，它们多与周围的建筑紧密结合，与历史记忆息息相关，形式感庄重，视觉冲击力强，展示了特定历史时期的文化与成就（图 3-2）。

纪念园林最直接的目的就是为了纪念历史事件和战役胜利，缅怀革命领袖、社会各界名人和革命烈士，以此激励人们在战斗和生活中创立丰功伟绩。俄罗斯的纪念园林往往拥有极高的绿化率，它们同时也是城市绿地系统的重要组成部分，强调功能的多样化。在公园里既可以开展思想政治教育，举行爱国主义教育，进行宣传活动，组织集会等，也可以为周围市民提供休息与游憩的场地。

纪念园林的建造一般有两种方式：一是在原有公园基础上改变其功能性质，加以改造处理；二是直接建造在战争遗址、名人故居等原址上。纪念园林的规划依据纪念对象和所在环境的特点进行不同的设计与建造，例如名人故居为主体的纪念园林，主要是保持田园原貌和展示主人的生活设施，如西伯利亚流放地公园，其景观主体呈现为郊野自然的景色（图 3-3）。

新建的城市纪念园林通常采用规则式与自然式混合造园手法，一般有明显的轴线林荫道，沿轴线布置一系列纪念雕像，道路交叉处设置各种尺度的广场空间，主轴线两侧多呈现丛林景观，有丰富的林下空间和自然式的园路，提供大量的休闲步道（图 3-4）。公园中设置大型广场作为人群集散场地，用于组织各种公众活动。很多纪念园林中设有休息和游憩区域，甚至一定的游乐设施，为了保持庄重肃穆的气氛，它们一般都被安排在核心区域外围。

苏联解体后，大部分以纪念某一特定主题为最初目的的纪念园林逐渐发展为游憩休

图 3-3 西伯利亚列宁流放营地故居

图 3-4 彼斯卡列夫斯基墓园内笔直的林荫道

息与纪念展示功能并存的综合性公园，在功能上向文化休息公园靠近，为当地居民提供了较好的休闲场所。尺度较大的纪念园林还承担着完善城市绿地系统的功能（图 3-5、图 3-6）。例如，圣彼得堡的莫斯科胜利公园原是为卫国战争而建造的纪念公园，现在是一处综合的休息公园。公园的规划处理中，卫国战争英雄林荫道和卫队林荫道是园林的主轴线，位于全园的中部，这里集中了大部分纪念空间。公园十分注重保持庄严肃穆的基调，凡是对纪念作用起到消极作用的功能区，如群众活动区和儿童活动区，都被安排在园林的边缘地带，避免影响纪念主题的展示。纪念园林里多提供平坦的地形，以便于举行隆重仪式和群众集会。

当公园里有多个类型的纪念建筑，并且占地面积大，作用明显时，通常规划组织若干条不同类型和长度的游览路线，如环状游线等，其终点多设在主要纪念建筑旁或公园主入口处，雄伟醒目。纪念园林中的植物材料选择主要突出忧伤和哀悼的情绪，具有一定的寓意，柏树、云杉、黄杨、紫衫等最常被使用。花坛和草坪是规则式构图的扩展，布置在主轴线上，突出庄严的气氛。

雕塑是纪念园林中极其重要的造园要素，多用大理石、花岗石、青铜和铸铁等材质，但水泥等材料也有，坚固耐久，易于加工造型，宜于各种花草树木、水面和大地融为一体。雕塑题材有纪念碑、人物头像或全身像等（图 3-7）。

纪念园林中大量使用花卉进行装饰。水景的运用也极广泛，起加强作用，纪念物映衬在水中，引人注目，具有明显的视觉优越感。纪念碑综合体构图中注重夜景灯光设置和背景音响布置，使纪念景观展现得更为生动。

苏联和俄罗斯纪念园林艺术水平很高，表现力独特，它们尤其注重园内各功能区、各景观元素之间的协调，在苏联各加盟共和国都有广泛的实践，在社会主义阵营的许多国家也影响深远（图 3-8、图 3-9）。

3.2 纪念园林实例

3.2.1 莫斯科红场及亚历山大花园 (Красная площадь и Александровский сад в Москве)

红场是俄罗斯最著名的城市广场，位于莫斯科市中心，始建于 15 世纪。红场呈长方形，长 350m，宽 120m，面积 4.96hm^2，其绿化面积约占广场总面积的 25%。红场与其毗邻的克里姆林宫建筑群、亚历山大花园、无名烈士墓、历史博物馆、古姆百货商店、列宁墓以及圣瓦西里布拉仁教堂等一起，形成莫斯科的城市历史中心区域。它们作为一个整体，1990 年被联合国教科文组织列入世界文化遗产保护名录，是享誉世界的历史景观（图 3-10 ~图 3-14）。

莫斯科红场采用条石铺成，十分古朴，它最初是以商业活动为主题的城市广场，苏联时期演变为单一的政治主题广场，以游行、集会、检阅为主要功能，对社会主义阵营中的各国首都兴建中心城市广场影响极大（图 3-15）。

红场是现代城市广场中极少有的墓地广场，除了著名的列宁墓外，在克里姆林宫红墙下还设有苏共十二领导人墓碑，加上附近亚历山大花园的无名烈士墓，营造出浓厚的纪念氛围。列宁墓的建造打破了红场的旧有格局，它虽然尺度不大，但有着控制整个广场成为焦点的强大气质，其建筑空间采用三层阶梯式锥体状，方石块规整堆砌。墓碑为钢筋混凝土结构，立面采用深朱红色花岗石和黑色长石，其间夹有黑色线条，同克里姆林宫及红场的基调相一致。列宁墓的设置既没有破坏原有建筑环境，又取得了兼容并蓄

图 3-5 卫国战争军人永垂不朽公园中央入口处的笔直的林荫道一直通达庄严的方尖碑

图 3-6 特列波洛夫纪念公园从《祖国母亲》雕像处远眺主体雕像

图 3-7 伏尔加格勒战役英雄纪念碑《祖国母亲》雕像局部

图 3-8 卫国战争军人永垂不朽公园手捧麦穗的小女孩铜像刻画出“大饥荒”惨状

图 3-9 特列波洛夫纪念公园旗门

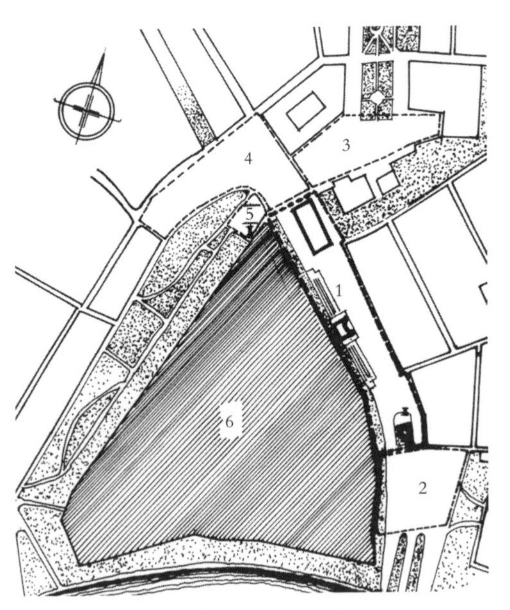

图 3-10 莫斯科克里姆林宫区域平面布局图
1- 红场；2- 红场前广场；3- 革命广场；4- 马涅什广场；5- 无名烈士墓；6- 克里姆林宫

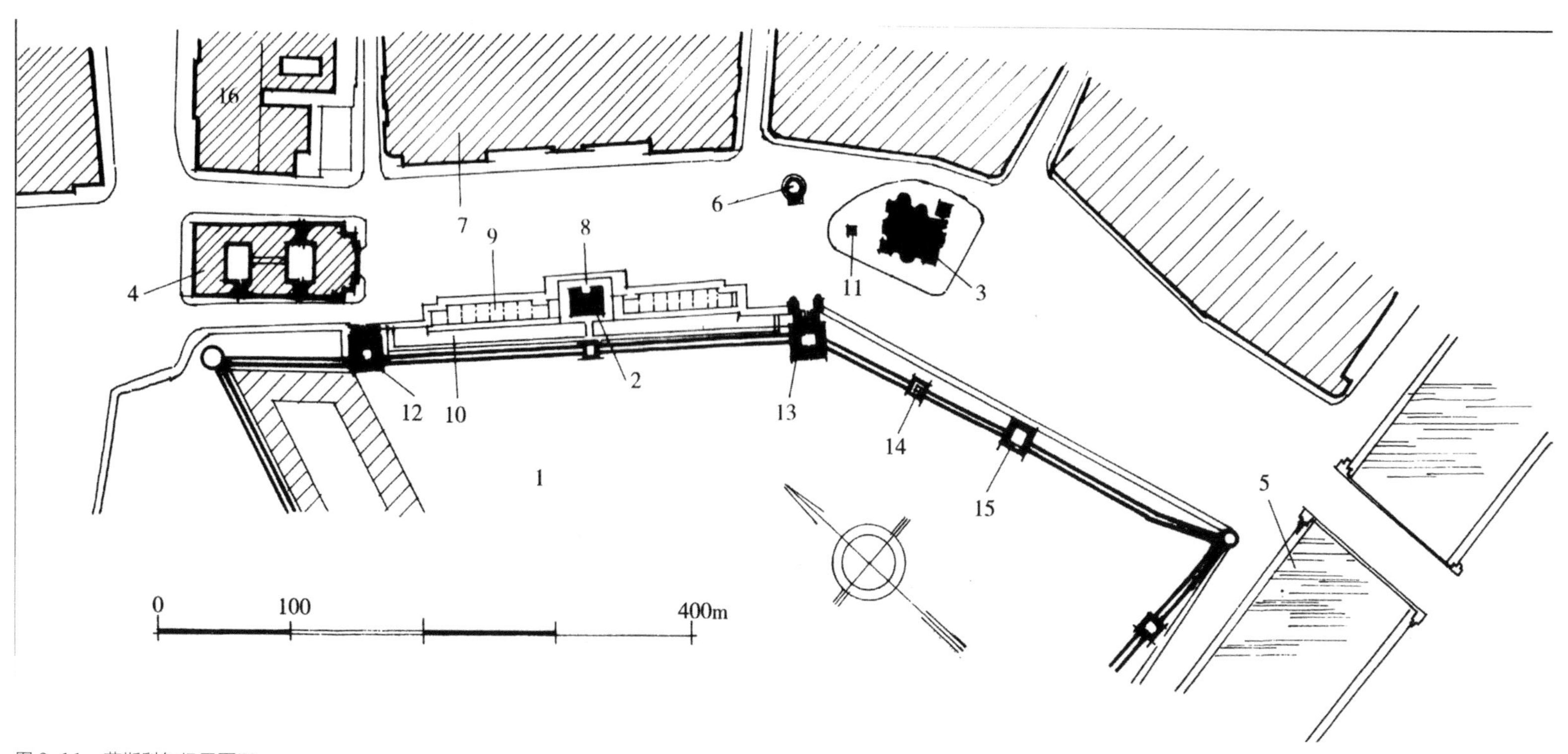

图 3-11　莫斯科红场平面图

1- 克里姆林宫；2- 列宁墓；3- 瓦西里大教堂；4- 历史博物馆；5- 莫斯科河；6- 颁诏台；7- 古姆百货商店；8- 检阅台；9- 观礼台；10- 领导人墓地；11- 米宁和波查尔斯基雕像；12- 尼古拉塔；13- 斯巴斯克塔；14- 沙皇塔；15- 警报塔；16- 列宁博物馆

图 3-12　莫斯科红场一侧的克里姆林宫红墙立面

图 3-13　莫斯科红场上的古姆百货商店立面

图 3-14 位于莫斯科红场的历史博物馆立面

图 3-15 从莫斯科红场通向亚历山大花园的条石坡道

的良好平衡，同时创造了新的更加美好的建筑环境，是一次在古老建筑环境中增加崭新建筑的伟大尝试（图 3-16、图 3-17）。

红场是世界上少有的狭长形城市中心广场，广场的四个围合立面各呈一种风格，对比鲜明，变化多样，缓冲了广场的单调感；广场上主要建筑如圣瓦西里布拉仁教堂、历史博物馆等各自形成独立的艺术空间，在统一中求变化；列宁墓强化了焦点作用，和广场网络形成紧密的结合，使其更加统一，达到很高的艺术水准。

毗邻红场的亚历山大花园是莫斯科著名的历史园林和纪念性花园，始建于 19 世纪初，但 20 世纪历经多次重大改建，现状与原貌已相去甚远。花园原址是聂格里河，该河流被改成地下河后，原有河床被改建为花园，沿着克里姆林宫西部红墙徐徐展开，花园长 865m，总面积约 10hm^2，分为上、中、下 3 层，相应设计了 3 条平行于红墙的游步道系统（图 3-18、图 3-19）。

亚历山大花园有着极高的绿化率，在上花园和中花园栽种了很多品种的乔木，如菩提树、枫树、蓝云杉等；不同花期的观赏灌木有丁香、茉莉、野樱桃、合欢、山楂等；由郁金香和玫瑰组成的华丽花坛装点着春、夏景色（图 3-20、图 3-21）。花园中还保存着 200 多年树龄的橡树。

花园里有许多历史遗迹和修建于不同时期的纪念景观，例如“意大利石窟”和无名烈士墓分别被用来纪念 1812 年和 1941 ~ 1945 年抵抗拿破仑和德国法西斯的两次卫国战争，后者是莫斯科最重要的二战英雄缅怀场所。而诺曼诺夫纪念碑则用来纪念诺曼诺夫王朝统治俄国 300 周年。

苏联解体后重建的马涅什广场邻近花园北面，其地下为大型商业综合体，马涅什广场是一组极富现代感的景观，它的出现强化了红场和克里姆林宫历史区域的商业氛围，它与亚历山大花园之间的高差形成台地，通

图 3-16 位于亚历山大花园内的无名烈士墓

图 3-17 莫斯科红场列宁墓

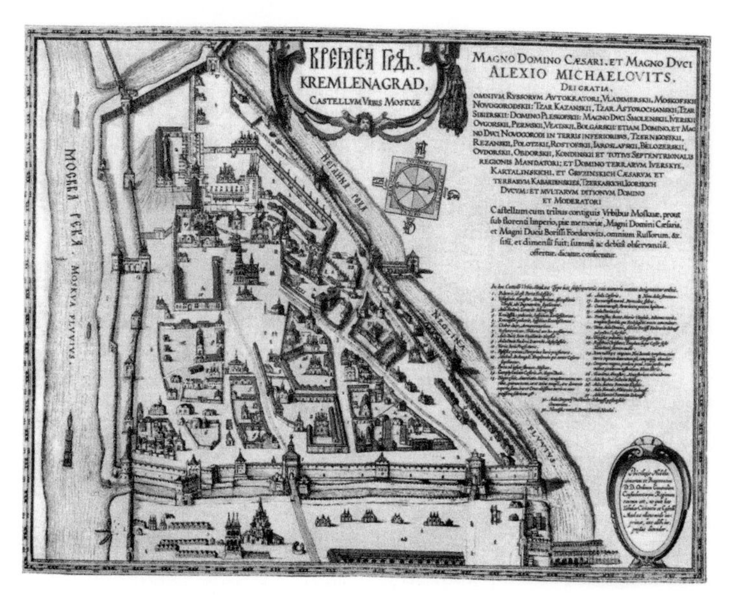

图 3-18 17 世纪初的莫斯科克里姆林宫区域平面，现今的亚历山大花园区域当时为聂格里河

图 3-19 亚历山大花园的游步道系统

图 3-20 亚历山大花园一景

图 3-21 亚历山大花园的装饰花坛

过一组大型人工水池、喷泉与雕塑构成的景观群自然地衔接，为游人设置了众多的休憩空间。这组以水景为主题的景观创作旨在呼应已不复存在的聂格里河，唤起莫斯科人对场地历史景观的记忆，在功能上采用立体交通结合商业设施，合理分散了红场历史景观区域巨大的人流（图 3-22、图 3-23）。

3.2.2 伏尔加格勒战役英雄纪念碑综合体（Мемориальный комплекс на Мамаевом кургане в Волгограде）

伏尔加格勒战役英雄纪念碑综合体建于 1967 年，是世界最高的纪念碑之一，由雕塑家武切季奇（E. B. Вучетич）领衔创作而成。综合体坐落在俄罗斯伏尔加勒的玛玛耶夫高地上。《祖国母亲》的塑像就在这个高地的顶端，面积 1000m^2。纪念碑是由 3 个广场和多座雕塑组成的综合体，分别是“宁死不屈广场”、“英雄广场”和“忧伤广场”，它们由石阶相连，广场上有大量群雕，气势雄伟。主雕塑《祖国母亲》身高 52m，连同右手高举的宝剑，为 85m，再加后座共 104m，占据了整个玛玛耶夫高地，其体量之巨大，具有一种震撼人心的力量。从下到上拾级而上，经过 3 个广场，最后到达山顶。雕像重 8000t,内部有阶梯直通雕像的肩部（图 3-24、图 3-25）。

伏尔加格勒战役英雄纪念碑最为充分地展现出战争的主题，整个纪念碑就是苏联反法西斯战争过程的缩影。纪念碑由高到低分为 4 个层次，随着参观的逐级上升，经过宁死不屈广场、废墟墙、英雄广场、忧伤广场等，每个部分都设有主题雕塑、浮雕，充满极强的象征意义，暗示从被侵略到英勇反抗，再到战争胜利后的纪念的过程。综合体顶部的忧伤广场坐落着一座荣誉军人大厅，厅中白色的巨手举着长明火，象征着战斗精神的永垂不朽。废墟墙上面用水泥塑出了苏联卫国战争的种种惨烈情景。浮雕用写意的手法

图 3-22　马涅什广场与亚历山大花园之间的高差形成台地，通过大型人工水池自然地衔接

图 3-23　亚历山大花园内的雕塑与喷泉景观

图 3-24 《祖国母亲》雕像侧面

图 3-25　远眺伏尔加格勒战役英雄纪念碑综合体

雕成，表面粗糙破碎，满布弹洞，酷似战争中留存下的断墙残垣。为了加强感染效果，还在墙体内装上了种种喊杀声、枪炮声、爆炸声和口号声等的音响，以调动观众的情绪。废墟墙的下部正中是宁死不屈广场，当中立有一尊《宁死不屈》的巨型雕塑，一位剽悍的俄罗斯裸体男子一手握转盘冲锋枪，一手执手雷，显示了苏联人民英勇不屈的战斗精神。而最顶端是《祖国母亲》巨型雕像，一位健硕的母亲手持利剑，召唤着英雄儿女勇往直前，保卫祖国，抗击德国法西斯的侵略。伏尔加格勒战役英雄纪念碑巧妙地利用高地的山势，运用雕塑、景观、音响等多种艺术形式，使由下而上、由远及近的参观过程，充满一种庄严肃穆的气氛。其巨大的尺度，充满磅礴的气势（图 3-26 ~图 3-31）。

纪念碑群内主要运用栎树、椴树、桦树、杨树、落叶松等树种，肃穆的草坪、主林荫道上的花坛及多个连续规则的广场都加强了庄重和肃穆的气氛（图 3-32）。

3.2.3 卫国战争军人永垂不朽公园（Парк вечной славы войнам отечественной военны）

卫国战争军人永垂不朽公园建在乌克兰首都基辅市第聂伯河畔的一处斜坡上，面积 7.3hm^2，原址是 1895 年建成的一座古老园林。公园经过改建后，用于纪念 1941 ~ 1945 年卫国战争时期牺牲的将士。改造工程的设计师们成功利用了场地的地形特点和园内已有的树木，在有限的场地上再建了一处发人深思的纪念园林，该园布局紧凑，设施简朴，独具特色（图 3-33 ~图 3-35）。

作为公园的主轴线，从中央入口处的笔直的林荫道一直通达庄严的方尖碑。林荫道 8m 宽，至终点处逐渐收缩至 6m，增强了透视效果，强化了林荫道的庄严感。60m 长的花岗石台阶通向阵亡英雄林荫道，直到军人

图 3-26　通向纪念碑综合体的中轴线

图 3-27　“宁死不屈”广场

图 3-28　刻有斯大林格勒保卫战牺牲英雄姓名的纪念碑和荣誉墙

图 3-29　伏尔加格勒战役英雄纪念碑荣誉军人大厅

图 3-30　纪念教堂

图 3-31　伏尔加格勒战役英雄纪念碑主雕像夜景

图 3-32　玛玛耶夫高地的绿色植被景观

图 3-33　“卫国战争军人永垂不朽公园”立面全景图

图 3-34　从纪念公园顶部远眺第聂伯河

图 3-35　卫国战争军人永垂不朽公园绿色植被景观

墓地。在主林荫道旁，围有两层修剪的千金榆，视线上感到空间更为开阔。在这里，阵亡英雄林荫道与稍高出地面的半圆形广场相连，广场以花岗石铺地，上面耸立着用深灰色花岗石筑成的方尖碑。塔高27m，其基座旁的石基上是无名烈士墓，墓上有青铜的光荣花和长明灯（图3-36～图3-39）。

苏联解体，乌克兰独立后的2008年，为纪念20世纪20～40年代发生在乌克兰的几次大饥荒（具体时间分别为1921～1922年，1932～1933年，1946～1947年）中的遇难者，在卫国战争军人永垂不朽公园内离方尖碑不远的一处台地上，又新建了一座《烛光》纪念碑。碑体由混凝土制成，呈典雅的白色蜡烛状，高32m，碑身采用乌克兰传统刺绣纹饰，顶部是镂空火焰状金属材质。纪念碑底部四周均围有黑色铁制十字架，其地下部分是一个纪念厅，里面陈列着写有大饥荒遇难者姓名、年龄、城市、住址等信息的纪念册。纪念碑的前方是一尊小女孩铜像，女孩身形纤瘦，面目憔悴，手捧麦穗，站在一个石磨盘上，磨盘的正立面用乌克兰语刻着“活着”。从第聂伯河边的坡底有林荫路直通到《烛光》纪念碑（图3-40～图3-42）。

3.2.4 西伯利亚列宁流放营地公园（Сибирская ссылка В.И.Ленина）

位于俄罗斯西伯利亚中部克拉斯诺亚尔边疆区（Красноярский край）的舒申斯科耶村（Шушенское）的列宁流放营地公园是一处大型纪念性园林综合体，公园位于舒申斯科耶森林之中。舒申斯科耶森林地带分为禁伐区、森林公园区和森林区。禁伐区包括列宁曾经留下过足迹的纪念地，如彼罗沃湖、茹拉夫利小山、沙丘山、布塔科沃湖畔等地，列宁经常在此休息，湖畔建有猎人的窝棚。从茹拉夫利小山或沙丘山上远眺，映入眼帘的是一望无际的原野、高山积雪以及水面，风光旖旎。森林公园区位于林区东北，

图3-36　方尖碑前的中轴视线

图3-37　苏联红军雕像

图3-38　青铜花和长明灯

图 3-39　青铜麦穗雕塑极富象征意义

图 3-40 《烛光》纪念碑正面

图 3-41　站在石磨盘上的小女孩铜像

图 3-42　坐落在坡地上的《烛光》纪念碑

主要供游人游憩和步行健身，区内还建造了人工水池，水池沿岸设有帐篷营地等。森林区的规划采用自然风景式布局，但也有突出的构图中心，这里基本保持着自然风光。整个森林地带修建了线条自然、设施完善的园路系统，总长达 100 多公里，道路可供各种车辆通行（图 3-43 ~图 3-48）。

列宁流放营地公园的中央部分面积约 30hm^2。1897 ~ 1900 年间，革命导师列宁曾在这里度过短暂的流放岁月。公园保留了列宁曾经居住过的村庄和房屋，园内新建了庆祝广场，沿公园周边设置了与主要广场相联系的花园林荫道。广场构图中心是列宁纪念像。雕像被安置于稍稍凸起于地面的台地上，其造型是高 8m 的圆柱顶上矗立着列宁的半身像，占地约 100m^2。广场上建有演讲展览馆。此外，在公园外围设置了一系列建筑设施。在纪念区内的河岸上生长着松树、蓝云杉、冷杉、槭树和桦树等乡土树种（图 3-49 ~图 3-51）。

3.2.5 “列宁的高尔克”国家历史保护区（Государственный исторический заповедник《Горки Ленинские》）

“列宁的高尔克”国家历史保护区，亦即著名的高尔克庄园，它位于莫斯科郊外一处茂密的森林中，该保护区总面积达 9500hm^2，其中核心区域面积 350hm^2（图 3-52 ~图 3-54）。

高尔克庄园的历史最早可以追溯到 16 世纪的一处莫斯科贵族领地，这块古老的封地包括 3 个自然村，还有农田、森林和草场。庄园建在帕赫拉河的支流图罗夫卡河高高的河岸上，所处的位置十分优越，从这里可以俯瞰远处茂密的森林，辽阔的草场和帕赫拉河谷的迷人风光（图 3-55、图 3-56）。

高尔克庄园的主要园林建筑群始建于 18 世纪末到 19 世纪初，它总体上属于莫斯科郊外中等水平的贵族庄园。庄园一度几易其主，

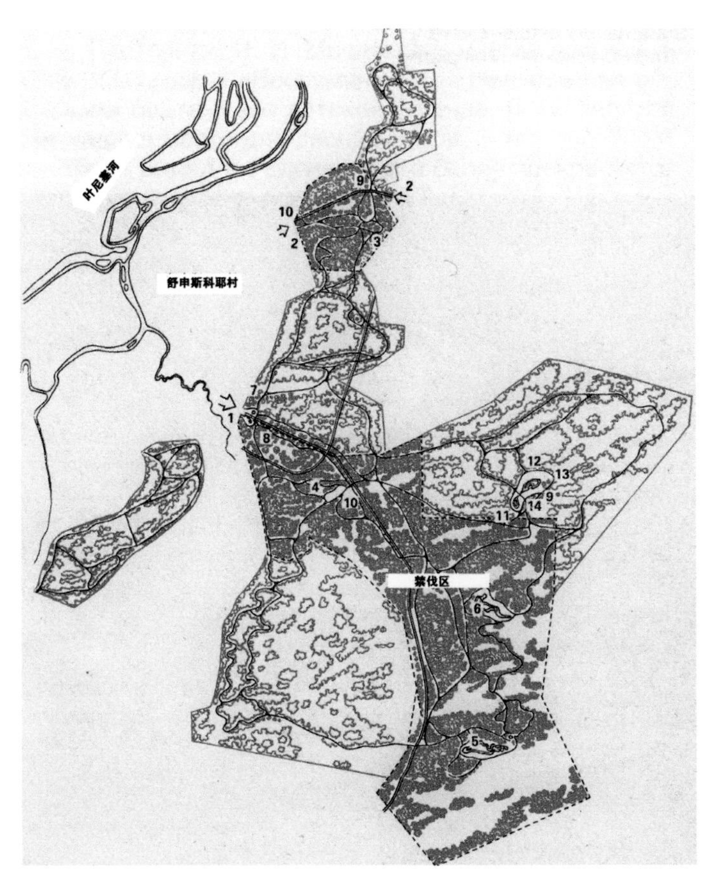

图 3-43　舒申斯科耶森林公园平面图
1- 主入口；2- 次入口；3- 小丘；4- 仙鹤山冈；5- 彼罗沃湖；6- 布塔科沃湖；7- 汽车旅行者宿营地；8- 林场管理处；9- 森林公园护林处；10- 汽车停车场；11- 旅游者露营帐篷城；12- 人工水池；13- 运动场和游戏场；14- 野餐用的炉灶

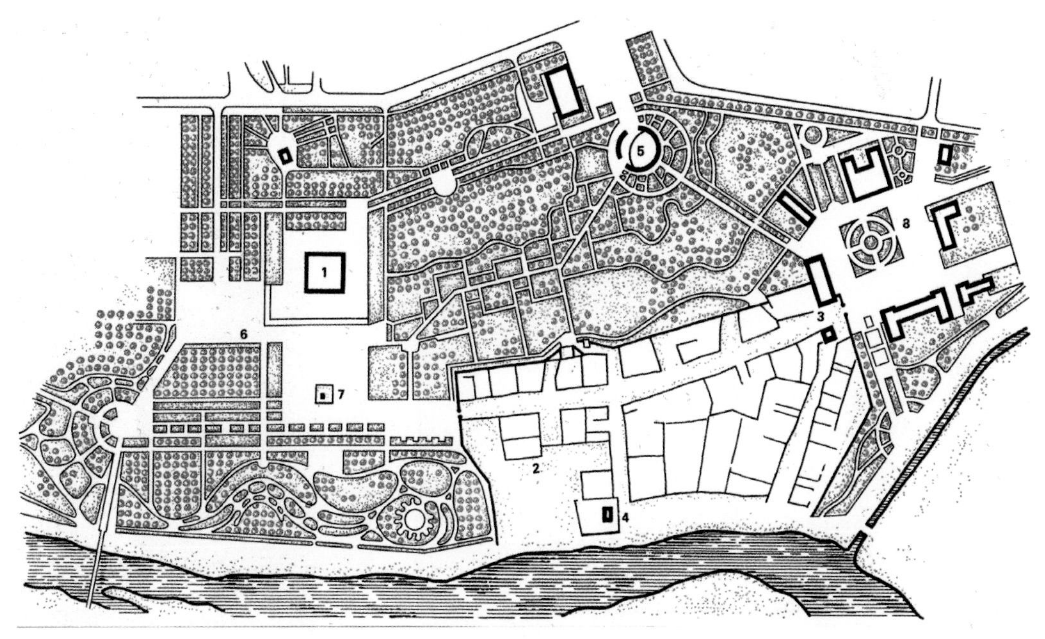

图 3-44　列宁流放营地公园平面图
1- 演讲厅及展览馆；2- 列宁流放地博物馆；3 ~ 4- 列宁故居；5- 革命英雄广场；6- 纪念广场；7- 列宁纪念碑；8- 旅游服务设施区

图 3-45　舒申斯科耶村地标

图 3-46　彼罗沃湖畔景色

图 3-47　纪念路标

图 3-48　舒申斯科耶村

图 3-49　列宁故居

图 3-50　庆祝广场上的列宁纪念像

图 3-51　列宁故居内部陈列

图 3-52 “列宁的高尔克”国家历史保护区平面图

1- 列宁像；2-“列宁的高尔克”苏联科学院实验基地；3- 小水池；4- 柱廊；5- 北侧厢房；6- 大水池；7- 凉亭；8- 主房；9- 南侧厢房；10- 雕塑《列宁出殡》

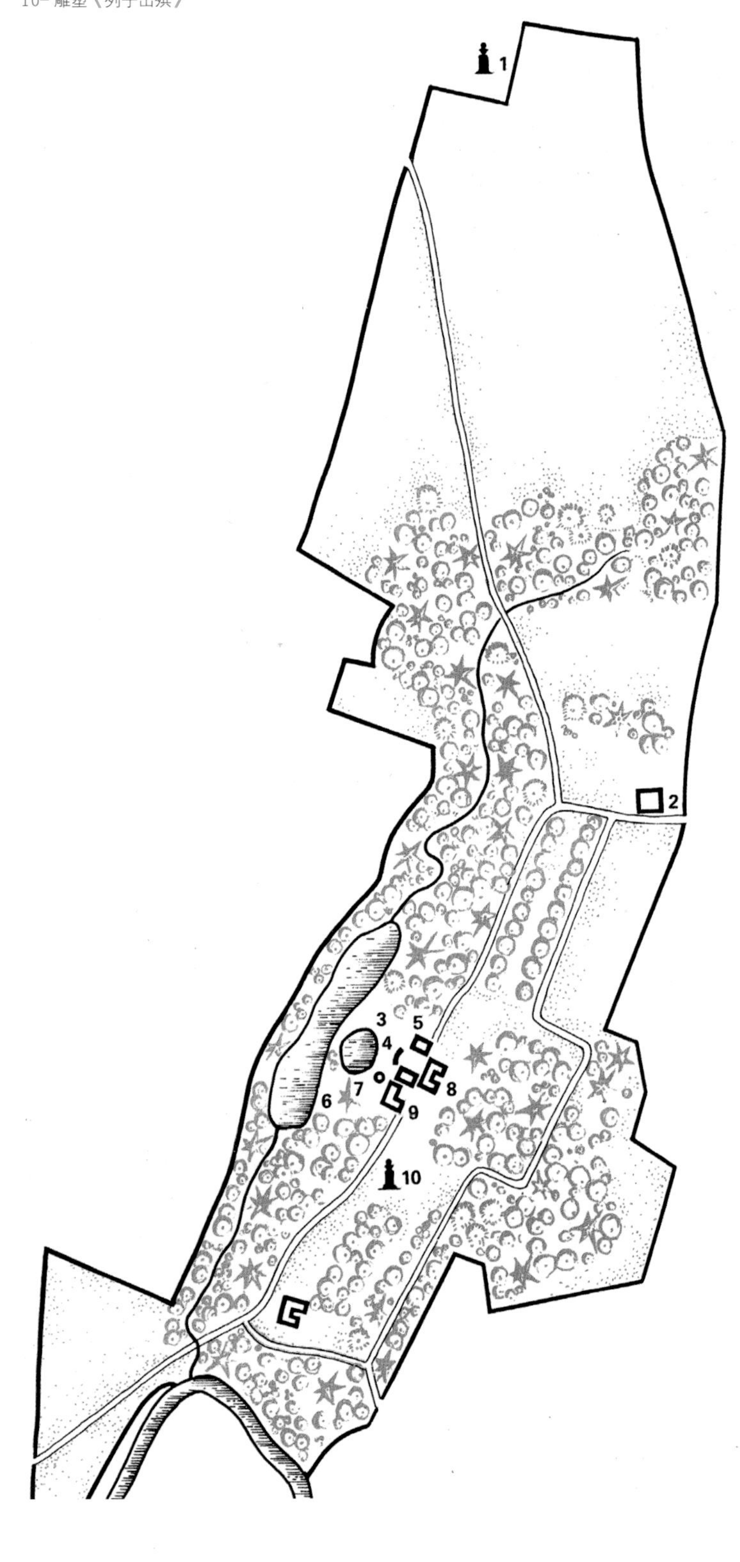

图 3-53 列宁纪念像

图 3-54 主题为《列宁出殡》的雕像

在十月革命前夕为女贵族莫罗佐娃所购得，她聘请建筑和造园名家进行规划设计，大兴土木，对其进行了大刀阔斧的改造，奠定了今日“列宁的高尔克”的基础。庄园内的园林原本分为两个区域，其中巴洛克风格的主楼后面的一片园林成为“上花园”，其间有一条浓密的椴树和枫树掩映的林荫道，建筑师决定将其保留下来。主楼前有一道爬满野葡萄的花墙式栏杆，翻过花墙是一面斜坡，被称作“下花园”，这里是建筑师改造的重点：花园中新建了很多建筑小品，植物品种也被重新调整。在更广阔的范围内，根据女主人的意见，高尔克庄园从一个消费性的园林转变为一个可以营利的经营性的新农庄。建筑师新建了暖房、奶牛场、冰窖、马厩、锻造工厂和其他产业，还从德国和法国引进了水利设施。1918 年 9 月 25 日列宁重伤后即被送到此处疗养，此后直到 1924 年去世，他大部分时间都在这里度过（图 3–57 ~图 3–62）。

高尔克被定为国家历史保护区后，所有跟列宁有关的纪念点及整个自然环境都采取了最严格的保护措施。整个保护区的平面构图呈一条连续不断的纽带状，它从综合纪念馆开始，将 20 余个纪念点联系起来。1971 ~ 1973 年，保护区内的建筑物经过修复改造后，呈现出目前的面貌。

3.2.6 彼斯卡列夫斯基纪念公墓（Пискаревское кладбище）

位于圣彼得堡的彼斯卡列夫斯基纪念公墓，占地面积 26.5hm^2，坐落在城市的北郊，被美丽的彼斯卡列夫斯基森林公园所围绕。这里早期是列宁格勒的一处普通公墓。卫国战争的第一年，在此建立了 662 个保卫列宁格勒的牺牲将士的墓碑，以此为基础，1942 年 2 月 15 日根据列宁格勒市劳动者代表苏维埃执行委员会的决议，列宁格勒保卫

图 3–55 主楼前的花园

图 3–56 庄园秋景

图 3-57　幽静的庄园

图 3-60　休息区

图 3-58　庄园一景

图 3-61　主楼前的斜坡缓缓下倾至水池

图 3-59　庄园主体建筑

图 3-62　典雅的围栏和瓶饰

战中的牺牲将士都将埋葬于此。参与设计的有著名建筑师莱温松（Е. А. Левинсон）、瓦西里耶夫（А. В. Васильев），雕塑家伊萨耶夫（В. В. Исаев）、陶里特（Р. К. Таурит）。种植设计由列宁格勒林学院教授博戈瓦娅（И.О.Боговая）创作完成（图 3–63）。

场地采用规则式布局，纪念公墓构图严谨而简洁，主要是以种植块状植物的方法来烘托庄严肃穆之感。由公墓主入口开启的轴线空间直抵《祖国母亲》主雕塑，其间分为3个层次：首先是入口广场，呈长条形，布置方形花岗石长明灯，两边种植规则的树阵，其中一列树阵还设计有方形的水池，形成紧凑的线形空间；下台阶后，第二层次是开阔而深远的过渡空间，以规整式的草坪、玫瑰花坛，以及两侧林荫道旁呈长方体的无名烈士墓为构成要素，具有严格的序列感；第三个层次是纪念的高潮部分——《祖国母亲》主雕塑，它高 6m，位于微微抬起的台阶上，面向整个墓地，其背景是长 150m 的花岗石墙体，墙体高 4m，其上刻有浮雕和文字，展现战争的场景。主轴的两侧是疏林草地，有埋葬牺牲战士的墓碑群，外围是茂密的林地，营造出静谧肃穆的气氛。公墓绿化率高达 80%，植物材料主要选用了栎树、椴树、白桦、杨树和落叶松等当地树种（图 3–64 ～图 3–71）。

3.2.7 特列波托夫综合纪念公园（Ме–мориальный комплекс в Трептов–парке）

位于柏林的特列波托夫综合纪念公园，又称苏军阵亡将士陵园，建于 1946 ～ 1949 年，由苏联著名建筑师别罗波尔斯基（Я. Б. Белопольский）和雕塑家武切季奇共同完成。整个纪念公园以建筑与雕塑的语言来表达崇高的主题：纪念苏联红军，为了歼灭法西斯，拯救全人类光辉的未来的国

图 3–63 皮斯卡列夫斯基纪念公墓鸟瞰图

图 3–64 长明火位于公墓入口处中轴线上

图 3-65　墓园整体呈规则式布局

图 3-66　4m 高的花岗石纪念墙

图 3-67《祖国母亲》主雕塑

际解放斗争的英雄胜利，以及苏维埃人民对为了全人类幸福而贡献了自己生命的阵亡儿子的深切怀念（图 3-72）。

公园总面积约 20hm^2，绿化率 40%，主体纪念空间呈 480m×175m 的长方形。设计师运用中轴对称的构图手法，来突出主体。整个空间分为 3 个层次，即入口处的母亲雕像、旗门和主雕塑苏联红军。纪念群的中心是苏军陵墓和坟岗顶部巨大的苏联红军铜像。铜像高 30m，其造型是战士一手紧握刺刀向德国法西斯标记刺去，而另一手紧抱被拯救的儿童，喻义下一代和人类的幸福，坚持保卫和平。左脚抬起踩在法西斯摧毁的德国废墟上，微微昂首，形象庄严，具有强烈的苏联风格。从地面到陵墓有 56 级台阶，而陵墓圆顶下是水景雕刻的《胜利》勋章图案。在陵墓内部黑色大理石的台座上放着一个记事簿，内有安葬在此的军人姓名。主雕塑前延伸着宽阔的台地，两旁是阵亡将士墓和石群，并有以卫国战争为题材的浮雕。台地林荫道上有两面红色花岗石雕刻的微微下垂的旗帜，110m 长，9m 宽的林荫道一直延伸到母亲雕像（高 5m），整个雕像群和谐统一、气势壮观（图 3-73 ~图 3-80）。

在设计手法上，中轴空间以《祖国母亲》雕像这一构图副体作为起点，在中轴线的终点制高点上安置了构图主体——苏联红军铜像，以此呼应主题。在空间序列的布置上，设计采用“起景—高潮”，先抑后扬的二段式布局手法。游人在入口处的母亲雕像处并不能一眼看全碑池主景，当游人慢慢向旗门走去，此时高 3m 的旗门基座将母亲雕像为副主体的空间与以苏联红军铜像为主体的空间完全隔离开来，游人靠近基座时甚至连碑池的主体铜像也看不到了，直至走上基座的平台上，眼前豁然展现出碑池开朗而富于艺术感染力的完美构图空间。因此在景观序列上，旗门基座作为过渡性空间的设置，是起景与高潮之间的重要转折，成为完成艺术构图的神来之笔（图 3-81 ~图 3-82）。

图 3-68　块状草坪用来烘托庄严肃穆之感

图 3-69　白桦林中排列整齐的烈士墓碑群

图 3-70　烈士墓碑

图 3-71　修剪整齐的列植树

图 3-73　苏联红军铜像

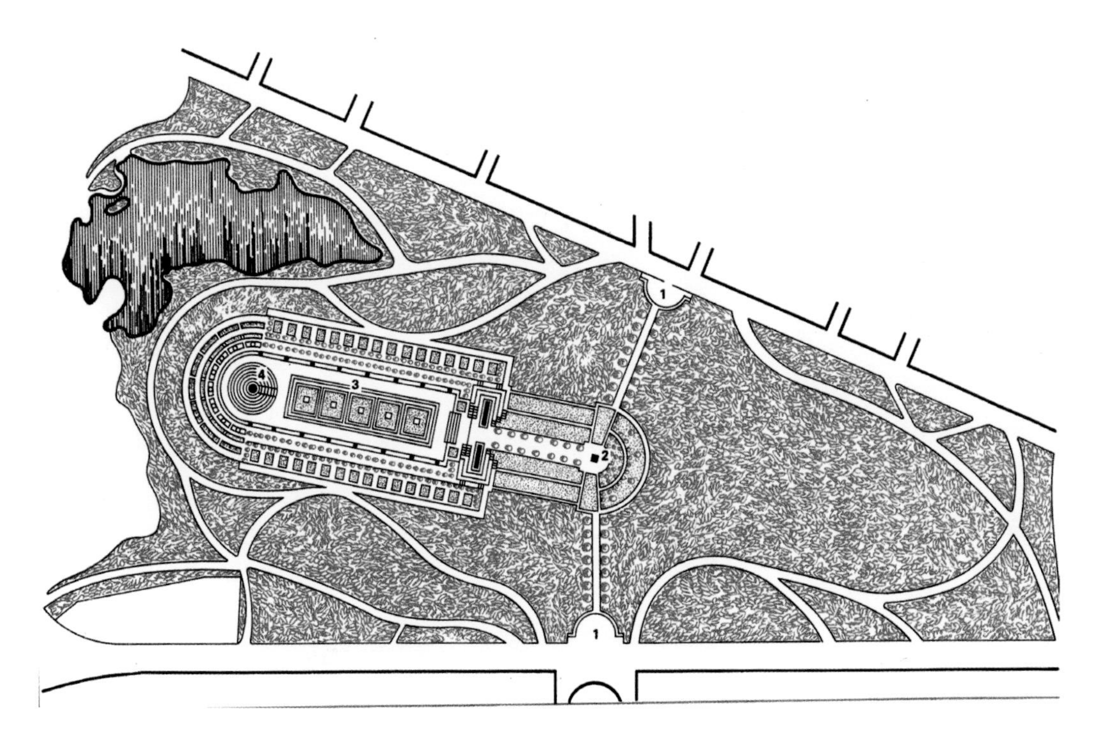

图 3-72　特列波托夫综合纪念公园总平面图
1-入口；2-《祖国母亲》纪念雕像；3-主台地；4-苏军战士雕像

图 3-74 从主题雕像处回望旗门

图 3-75 主体雕像前的中轴视线

图 3-76 旗门处法西斯军人下跪像

图 3-78 公园内列植整齐的乔木

图 3-77 《母亲》雕像近景

图 3-79 花岗石贴面的纪念碑

图 3-80　纪念景墙

图 3-81　《祖国母亲》雕像景点

图 3-82　主雕塑前延伸着宽阔的台地

Finlyandskiy Railway

4 城市纪念性广场

Горадские мемориальные площади

4.1 城市纪念性广场概况

俄罗斯纪念性城市广场空间的兴盛源起于 1918 年革命初期，列宁签署“纪念碑宣传计划”的文件，下令拆除沙皇时期的雕塑，在城市街道和广场上安放历史卓越人物以及为自由而战的英雄们的雕像，并以此来象征革命精神，鼓舞民众士气，掀起社会主义建设热潮。二战结束后，建设者的社会责任感进一步增强，大批建筑师、雕塑家和园林绿化工作者投入到城市公共艺术创作中去，以战争胜利和爱国主义为题材的纪念性城市广场大量涌现，代表作品包括圣彼得堡（当时称“列宁格勒”）的胜利广场、莫斯科广场、战神广场、列宁广场，以及莫斯科和图拉市的胜利广场等。苏联解体后，这些带有时代烙印的艺术作品留存至今，深刻影响着当今俄罗斯的城市景观风貌。

图 4-1　图拉胜利广场方尖碑一侧排列着各英雄城市纪念碑

俄罗斯的城市纪念广场通常是由建筑师、雕塑家和画家共同合作完成，呈现出建筑空间的序列与艺术气息。园林充分考虑环境和地域文脉，注重空间的塑造，中心点常设计有超大尺度的雕塑，并配套有纪念馆或纪念展示空间。纪念广场在俄罗斯乃至许多社会主义国家中，得到广泛实践与应用，形成了独具特色和意义的城市景观，是最具有民族特色的造园类型之一（图 4-1）。

4.1.1　多采用规则式园林布局，空间尺度巨大

俄罗斯地域内多为平原和丘陵，平坦的地貌使得园林景观呈现整齐、开阔的特征。因此，城市纪念广场多为尺度巨大、高差变化小的规则式园林布局，表现出人为控制下的几何图案美。纪念广场的空间都呈现出强烈的秩序感和连续的结构体系，有建筑布局的特征，中轴线明显，尺度大且地形平坦，视线开阔，局部有微小的高差变化；纪念碑和雕塑常为构图中心，每个纪念碑都有特定的主题，让瞻仰的人们回顾历史和怀念领袖；雕塑、园路、水池、花坛、植物依据轴线对称展开，突出庄严的气氛（图 4-2、图 4-3）。

纪念广场的空间尺度之大远远超出了人们的视觉经验，给人一种不可超越的感受，这种尺度十分契合大型公共艺术本身具有的纪念性主题，让观者产生一种敬畏和仰望的情绪，形成强烈的冲击，并产生超越普通感官经验的崇高感，从而震撼观者。例如，莫斯科胜利公园及广场建造在一个平坦、开阔的地块上，广场尺度巨大，没有明显的高差变化，中心处的纪念碑坐落在十几米高的台阶上，但是同整个广场尺度和高 141.8m 的纪念碑相比，这样的高度并不突出。

4.1.2　政治色彩浓厚，主题鲜明

苏联经历过两次世界大战的洗礼，残酷的战争带给人们极度的痛苦，苏联政府最重要的一项园林政策就是组织和建造大量悼念苦战和解放的纪念景观。因此，大型城市纪

图 4-2 圣彼得堡的莫斯科广场正立面

图 4-3 图拉胜利广场苏联军人雕像侧面

念广场表达了强烈的政治色彩，多设置象征英雄、领袖、伟人，以及战役胜利的雕塑、纪念碑和建筑。如在莫斯科、圣彼得堡等许多城市的广场与公园中都设有列宁同志的雕像。另外，“祖国母亲”题材的雕塑应用广泛，几乎在大部分的纪念园林中都有出现（图 4-4 ~图 4-6）。

俄罗斯纪念广场通过独特的艺术构想表现出鲜明的主题。例如，卫国战争是俄罗斯国家艺术中最宏大、最突出的主题，许多广场强烈地体现出与卫国战争相关的军事文化特征。它们充分展现出俄罗斯抗击德国法西斯的英勇，对战争的纪念以及对和平的祈祷。而这些主题都是通过独特的艺术形式和构思展现出来的，从整体的规划到细节的设计都紧扣主题，并体现出各自鲜明的艺术特色（图 4-7）。

4.1.3 兼有多重功能，公众参与度高

城市纪念广场的规划除了鲜明的政治意图和纪念意义外，注重展现出空间的开放性，以满足市民多种功能需求。部分大型广场会提供大量纪念展示空间和活动设施，让参观者能参与其中，融入整个纪念广场的氛围中，为市民提供休闲、游憩的场所。例如，以莫斯科胜利广场为例，这里经常是莫斯科许多集会、游行的起点；而且，广场周围设置着一些军事装备和设施，陈列有军舰、坦克等武器装备，在一片小树林中还模仿战场，设置了战壕、障碍等各种军事设施，参观者可以置身其中亲身体验。

4.1.4 注重多类特色景观元素的结合

俄罗斯大型纪念广场中会设置大量的雕塑，主体雕塑通常分为两类：一类是人物和局部肢体，采用写实的手法，刻画生动；一类是战争的工具（刺刀、武器等）和纪念方尖碑，如胜利广场的纪念碑。次要的雕塑类型更加丰富，有群雕、浮雕、壁刻画等艺术形式。广场中还会设置长明火雕塑——《永不熄灭的火焰》，设置在空间的轴线上，与主雕塑或墓碑相呼应（图 4-8）。

水景在纪念广场中被广泛运用，主要是规则式水池与喷泉，形成或动或静的氛围。静态水景多是方形或圆形的水池，如镜面般的水面，倒映出周围的雕塑。动态喷泉种类繁多、造型各异，起到烘托主体雕塑和渲染气氛的作用。随着时代的发展，近年来，将传统的单一型纪念广场改造为喷泉主题休闲广场的案例在俄罗斯的大城市时有出现（图 4-9、图 4-10）。

由于有些战争死亡人数很多，甚至有几十万人，所以会有大量的烈士无法确认身份，某些纪念广场因而还专门设有无名烈士墓，造型多为简洁的方碑，大理石或花岗石材质，它们被安放在园林的轴线或空间的中心，表达了深深的哀悼之情，成为人们瞻仰和怀念烈士们的载体（图 4-11）。

图 4-4　圣彼得堡列宁广场广场南部中央的纪念雕像

图 4-5　圣彼得堡圆形大厅顶部装饰着列宁勋章和旗帜

图 4-6　夜幕中的圣彼得堡基洛夫区中心广场群基洛夫雕像

图 4-7　圣彼得堡胜利广场纪念碑前方以《狙击手》和《防御》为主题的大型群雕

图 4-8　圣彼得堡战神广场中央的长明火

图 4-9　圣彼得堡列宁广场大型喷泉局部

图 4-11　圣彼得堡战神广场中央的烈士公墓

图 4-10　圣彼得堡的莫斯科广场大型喷泉跌水

4.2 城市纪念性广场实例

4.2.1 圣彼得堡胜利广场（Площадь победы в Санкт-петербурге）

圣彼得堡胜利广场是城市的南大门，位于圣彼得堡国际机场到市区的主干道——莫斯科大街（московский проспект）上，是城市轴线延伸的重要节点，广场的两侧是普尔科夫饭店和电子标准研究所两座对称的高楼，同时还有一些高层住宅。广场始建于1975年，1978年建成开放。主要设计人员包括建筑师斯佩兰斯基（С. Б. Сперанский）、卡缅斯（В. А. Каменский）以及雕塑师阿尼库辛（М. К. Аникушин）。胜利广场平面为椭圆形对称式构图，周边的城市道路呈发射状布局，形成以广场为视觉焦点的空间结构（图4-12～图4-14）。

广场主体部分是纪念列宁格勒战役英雄的雕像和纪念碑，上下两层的立体交叉路很好地解决了交通拥堵问题。底层从被围困的圣彼得堡城内方向进入，入口处左右分别写着的“900个白昼”和“900个夜晚”，象征着彼得堡保卫战的900个日夜。内部是一座露天圆形大厅，中间是《封锁》群雕像，塑造了悲愤的母亲托着死去的孩子，战士搀扶着虚弱倒下的长者的生动形象，概括而形象地展现出战争中被围困的彼得堡的真实情形。群雕像周围是14盏燃烧的长明灯。纪念厅的墙上是两幅巨大的镶嵌画，同时还展示了苏军战士遗留的纪念物。走出纪念厅，沿台阶而上，广场中央矗立着高达48m的花岗石方尖纪念碑，方尖碑的前面矗立着两位城市保卫雕像，分别是军人和平民形象，象征军民并肩作战。雕像的前方，对置有巨大的群雕,以《狙击手》和《防御》为主题。纪念碑、雕塑群以及它们周围风景联系成为一个统一的整体。整个广场设计细致协调、庄重深刻，极好地表现了战争带给人类的苦难，表达了对

图4-12 圣彼得堡胜利广场航拍图

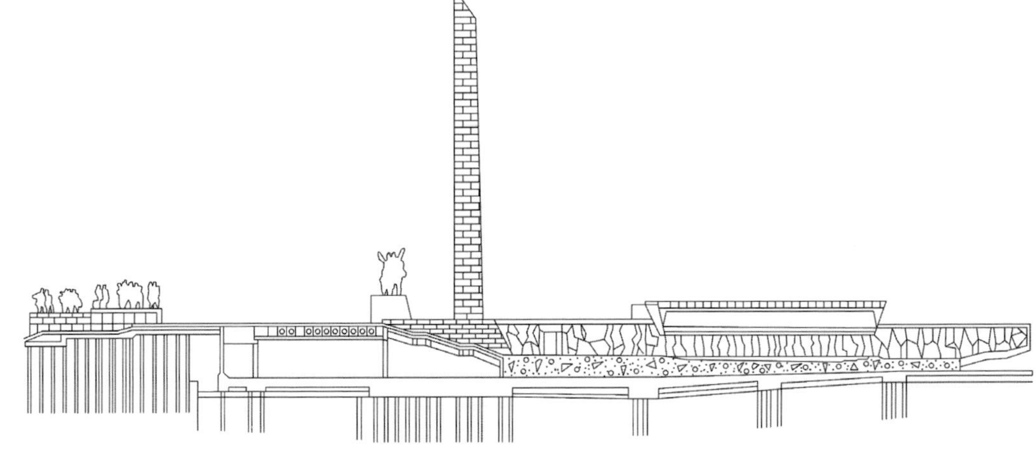

图4-13 圣彼得堡胜利广场剖面图

图 4-14　圣彼得堡胜利广场鸟瞰

苏军战士的崇敬之情（图 4-15 ~图 4-25）。

4.2.2　圣彼得堡莫斯科广场（Московская площадьв Санкт-петербурге）

圣彼得堡的莫斯科广场同样位于莫斯科大街上，地理位置靠近胜利广场，总占地面积 13hm²。广场边上还有个地铁站，也以莫斯科（московская）命名。这个广场与其身后的苏维埃宫（Дом Советов.）作为一个整体，最初建成于 1941 年，此后该地区又经过多次整改，逐渐形成了一组风格比较统一的纪念性广场建筑群，成为市中心从历史核心转向新区的试验站。1970 年在广场中央安置了建筑师卡缅斯（В. А. Каменский）和雕塑师阿尼库辛（М.К.Аникушин）共同完成的列宁像（图 4-26）。

2006 年圣彼得堡市政府对莫斯科广场又进行了改造，使其成为一个巨型组合式喷泉广场，喷泉组合采用下沉式设置，空间感较为丰富。花岗石贴面的泉池以三角形切割作为构图的母元素，具有较强的视觉冲击力。这是作为 2006 年 5 月 26 日圣彼得堡建城 303 周年的献礼工程。苏联时期的莫斯科广场规模宏大，很有气势，重在突出其纪念性，而现在它主要是一个市民休闲娱乐的好去处，这种功能性的转变和苏俄社会意识形态的变化有所联系（图 4-27 ~图 4-33）。

4.2.3　圣彼得堡战神广场（Марсово поле в Санкт-петербурге）

战神广场的前身是著名的马尔索沃教场，1923 年，它从一个巨大的尘封已久的阅兵场改造为一个设施完善的广场，设计人员包括建筑师 И.А. 弗明（И.А.Фомин）和园艺师 П.Ф. 卡特切日（П.Ф.Катцер）。广场的建成具有强烈的历史以及城市建设意义，当时根据它的布局结构以及地理位

图 4-15　圣彼得堡胜利广场正立面图

图 4-16　圣彼得堡胜利广场下沉式的圆形大厅

图 4-17　圣彼得堡胜利广场底层圆形大厅中央的青铜群雕《封锁》

图 4-18　圣彼得堡胜利广场纪念厅内部

图 4-19　圣彼得堡胜利广场以城市名称命名的纪念碑

图 4-20　圣彼得堡胜利广场以城市名称命名的纪念碑

图 4-21　纪念碑前方以《狙击手》和《防御》为主题的大型群雕（一）

图 4-22　纪念碑前方以《狙击手》和《防御》为主题的大型群雕（二）

图 4-23　纪念碑前方以《狙击手》和《防御》为主题的大型群雕（三）

图 4-24　纪念碑前方以《狙击手》和《防御》为主题的大型群雕（四）

图 4-25　纪念碑前方以《狙击手》和《防御》为主题的大型群雕（五）

图 4-26　早期的圣彼得堡莫斯科广场主要突出其纪念性

图 4-27　改造后的圣彼得堡莫斯科广场以大型喷泉为主题

图 4-28　圣彼得堡莫斯科广场喷泉组合采用下沉式设置（一）

图 4-29　圣彼得堡莫斯科广场喷泉组合采用下沉式设置（二）

图 4-30　圣彼得堡莫斯科广场喷泉以三角形切割作为构图母元素

图 4-31　圣彼得堡莫斯科广场大型喷泉跌水（一）

图 4-32 圣彼得堡莫斯科广场大型喷泉跌水（二）

图 4-33 圣彼得堡莫斯科广场绿化

置，被设计成一个很大的用于隆重场合的广场，其南面和东面被米哈伊洛夫宫廷花园（Сад Михайловского дворца） 和夏花园（Летний сад）的高大绿化林带所围绕，西面是管理局大楼（以前是巴甫洛夫团兵营），北面是西北工学院（здания СевероЗападного политехнического института）和克鲁布斯克文化院大楼（Институт культуры им.Н.К.Крупской），这两座大楼围合形成了基洛夫大桥（Кировский мост）入口旁的楼前广场，基洛夫大桥中心伫立着苏沃洛夫（А.В.Суворов）纪念像。整个广场的主干道路呈十字交叉形，方形地块被分为 4 部分，每块绿地又被设计成中心放射状道路，是一个规则式、单核式的纪念广场（图 4-34）。

广场绿化以开阔的规则式草坪和花坛为主，它们起到了整个布局规划的背景作用。小叶椴树环绕着广场四周，绿地的中心区域栽植了橡树和白柳来凸显主体构筑物。芍药属的多年生花卉以及郁金香、秋海棠被用来点缀春、夏、秋景，而在一些道路交叉口的绿化景观则由丁香、绣球、小檗等灌木群组成。广场中心是大理石革命烈士纪念碑、长明火和阵亡将士公墓，这里埋葬了 1917 年二月革命中牺牲的战士、工人、水兵以及之后的十月革命和和卫国战争牺牲的英雄。纪念碑于 1919 年 10 月 7 日开放。战神广场是圣彼得堡历史中心区园林系统的重要组成部分，现有面积约 $14hm^2$，其中绿化面积达 $10.9hm^2$，是该市绿化最好的广场之一，也是苏联建国初期最好的城市公共纪念空间（图 4-35 ~图 4-41）。

4.2.4 圣彼得堡芬兰火车站前列宁广场（Площадь Ленина у Финлядского вокзала в Санкт–петербурге）

列宁广场位于圣彼得堡的芬兰火车站前，广场始建于 1926 年，面积约 $6.6hm^2$，先于芬

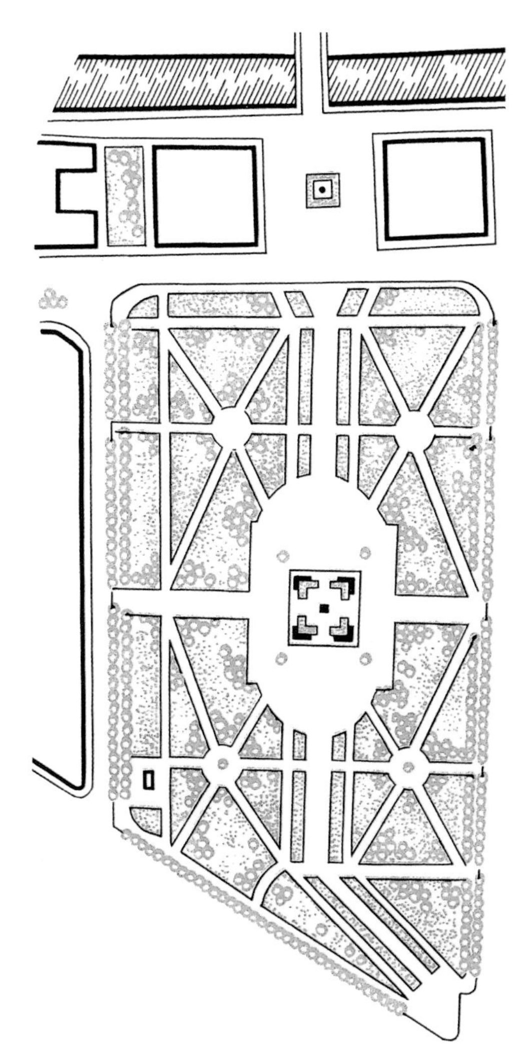

图 4-34　圣彼得堡战神广场平面图

图 4-35　圣彼得堡战神广场春景

图 4-37　圣彼得堡战神广场中轴视线

图 4-36　银装素裹的圣彼得堡战神广场

兰火车站而建造（1960年），早期设计人员包括雕塑师叶夫谢耶夫（С. А. Евсеев）以及建筑师舒格（В. А. Щуко）和格里夫列赫（В. Г. Гельфрейх）。建成初期绿化覆盖率一度高达70%，其主体是一个352m×190m的街心花园，它包括了位于南北轴线的宽50m的绿化带以及东西两侧平行的林荫道（图4-42）。后考虑到火车站周边人流疏散等功能性要求，经过不断改造，扩大了硬质铺装场地，绿化有所减弱，演变为一个美丽的花岗石喷泉广场。广场中轴线是芬兰火车站中轴线的延续，在结构上由两部分组成：南部以巨大的列宁纪念雕像为核心，雕像以规则式花坛围合，景观氛围庄严肃穆；北部以黑色大理石喷泉组合作为景观主体，其中，列宁雕像的正北面是一个呈矩形的大型主题喷泉，配以水阶梯式瀑布，其两侧各有一排正方形阵列式喷泉，再外围则是两排椴树林荫路。广场的东北和西北角各有一块面积不大的方形绿地，带有花钵和绿篱，周边安放了休憩座椅。广场附近建有专门的地铁站，是通向火车站的重要补充通道，南面朝向宽阔的涅瓦河，该广场除了鲜明的纪念性外还具有开阔的景观视线和巨大的城市交通意义（图4-43～图4-53）。

4.2.5 圣彼得堡基洛夫区中心广场群（Площади центра Кировского района Санкт-петербурга）

圣彼得堡基洛夫区中心广场群是苏联早期城市公共开放空间的代表性作品之一，始建于1924年，由建筑师伊利英（Л. А. Ильин）设计。建筑广场群由斯塔切克（площадь Стачек）和基洛夫（Кировская площадь）两个广场构成，它们之间由街道所连接，形成一个有机统一的整体。两个广场拥有共同的轴心，轴心在平面构图上被位于斯塔切克广场上的纳尔瓦凯旋门

图4-38 圣彼得堡战神广场中央的纪念性景观

图4-39 圣彼得堡战神广场拥有极高的绿化率

图4-40 圣彼得堡战神广场植被以低矮灌木为主体

图4-41 圣彼得堡战神广场边缘的绿化配置

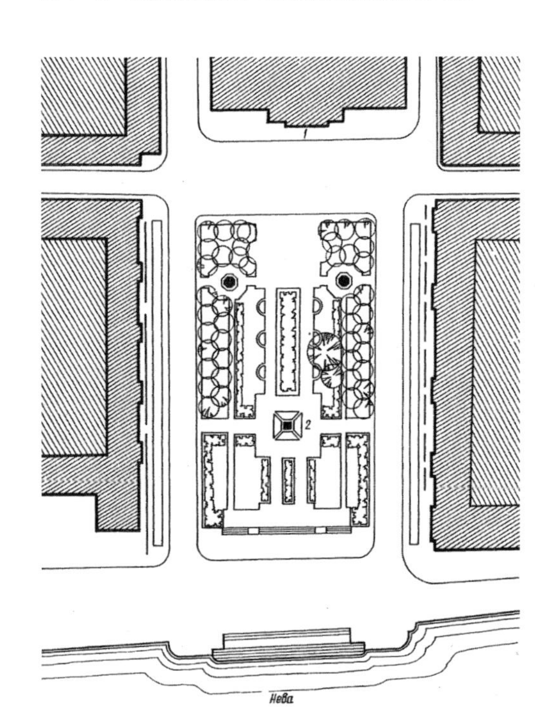

图4-42 早期的圣彼得堡列宁广场平面图
1-芬兰火车站；2-列宁雕像

图4-43 圣彼得堡芬兰火车站前列宁雕像

图4-44 圣彼得堡芬兰火车站

图 4-45　圣彼得堡芬兰火车站正立面景观

图 4-46　圣彼得堡芬兰火车站前列宁广场中央大型喷泉

图 4-47　圣彼得堡芬兰火车站前列宁广场北部以黑色大理石喷泉为主体

图 4-48　圣彼得堡芬兰火车站前列宁广场大型喷泉局部

图 4-49　圣彼得堡芬兰火车站前列宁广场边缘的绿化景观

图 4-50　圣彼得堡芬兰火车站前列宁广场两侧的椴树林荫路

图 4-51　圣彼得堡芬兰火车站前列宁广场两侧的休憩区

图 4-52　圣彼得堡列宁广场两侧休憩区的喷泉与中央大型喷泉相呼应

图 4-53　圣彼得堡芬兰火车站前列宁广场上的装饰花坛

（Нарвские ворота），以及周边其他的公共建筑所强调。在结构上，伊利英所设计的斯塔切克广场、纳尔瓦凯旋门、基洛夫广场、基洛夫雕像、街心花园等元素共同构成了这一公共开放空间的基础（图 4-54 ~ 图 4-58）。

广场及其周边的公共建筑自 20 世纪 20 ~ 30 年代陆续竣工。广场群被新建的建筑综合体以及街道所围合，这些具有新型社会用途的公共建筑包括：基洛夫苏维埃大楼、高尔基文化宫、基洛夫百货商场、厨房工厂、“十月革命十周年”中学等。1955 年，在纳尔瓦凯旋门旁边新建了“纳尔瓦”地铁站地面建筑，这里成为一个重要的交通人流集散地。

基洛夫广场位于基洛夫苏维埃大楼前，面积约 $4.52hm^2$，广场中央是一个圆形草坪构成的面积约 $1.12hm^2$ 的街心花园（花园的绿化覆盖率约 75%），花园被一系列园林花卉所装饰，草坪上点缀着开花灌木以及椴树、杨树等大乔木。花园的中心位置坐落着基洛夫纪念像，雕像创作于 1938 年，高 15.5m，在体量上与大楼、广场非常协调（图 4-59、图 4-60）。

4.2.6 图拉胜利广场（Площадь победы Тулы）

图拉市胜利广场位于城市中心区，是为纪念在卫国战争中英勇保卫图拉牺牲者而建的一处公共开放空间，始建于 1968 年，主要设计人员包括雕塑师久热夫（Б. И. Дюжев），建筑师洛维多夫（Н. Н. Миловидов）和伊萨耶维奇（Г. Е. Исаевич）。广场呈矩形，外围是宽阔的绿化种植带，正面和侧面入口均有台阶通达，正入口台阶两侧放置了火炮模型，广场中央的花岗石基座上，安

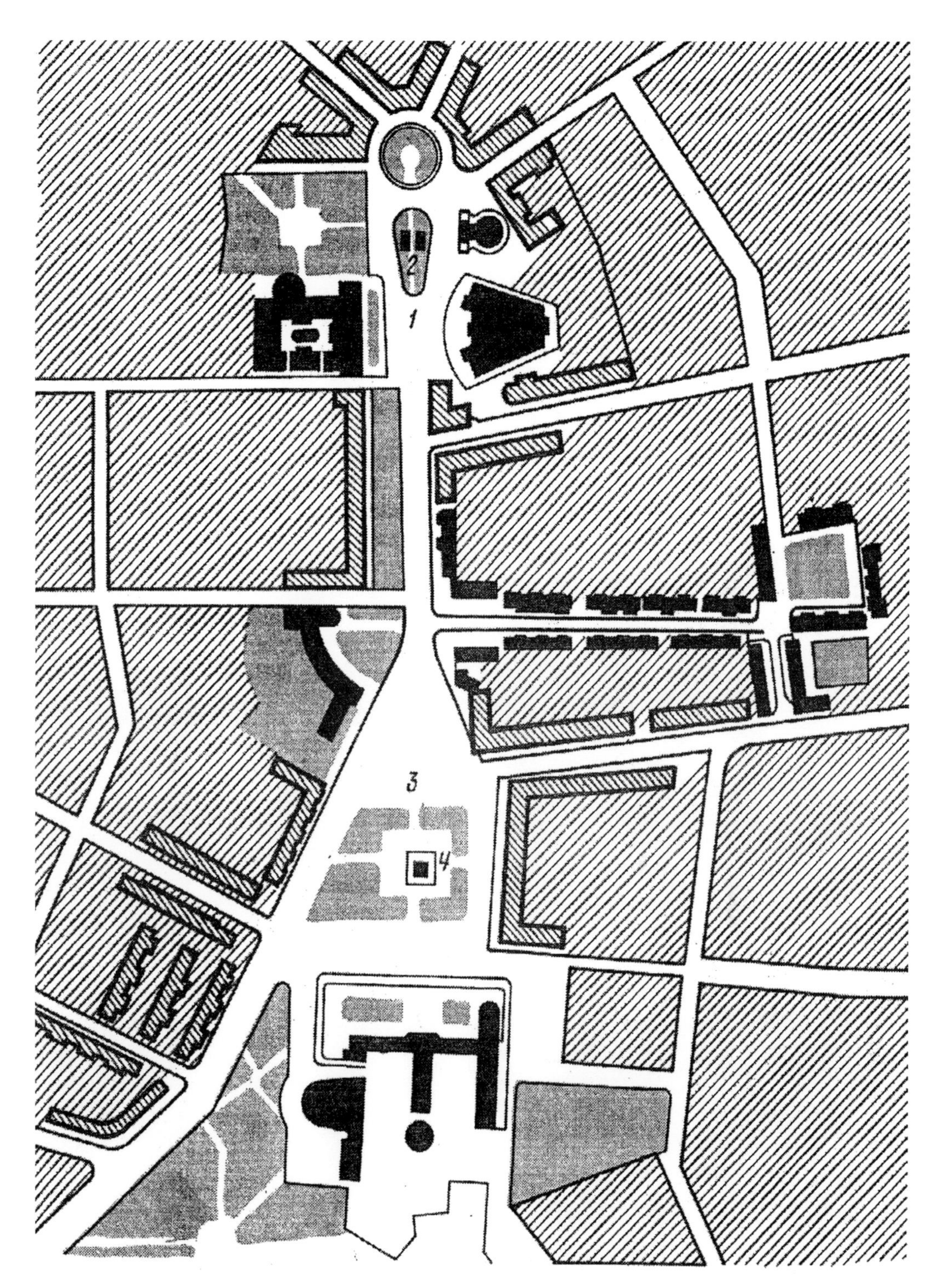

图 4-54 基洛夫区中心广场群总平面图

1- 期塔切克广场；2- 纳尔瓦凯旋门；3- 基洛夫广场；4- 基洛夫雕像

图 4-55　早期的圣彼得堡斯塔切克广场

图 4-56　圣彼得堡斯塔切克广场纳尔瓦凯旋门

图 4-57　圣彼得堡斯塔切克广场纳尔瓦凯旋门上的艺术雕塑

图 4-58　圣彼得堡斯塔切克广场

图 4-59　圣彼得堡基洛夫广场街心花园秋景

图 4-60 圣彼得堡基洛夫广场基洛夫雕像正面

放着手拿冲锋枪的苏联战士和义勇军军人雕像，象征着图拉的保卫者兄弟般团结一致，全民奋起抗争。雕像旁边一组由 3 个菱形刺刀型方尖碑组成的纪念碑高耸入云。该广场空间层次较为丰富，各种景观元素的融合形成了较浓厚的整体艺术氛围。图拉自古以来就以武器锻造工厂著称，因此广场的设计加入了火炮等军工元素以更好地体现地方特色（图 4-61 ~图 4-68）。

4.2.7 莫斯科胜利公园及广场（Парк победы и площадь победы Москвы）

莫斯科胜利公园位于该市的一处著名高地俯首山，它建成于 1995 年 5 月，总占地面积 135hm2，用以纪念反法西斯战争胜利 50 周年，是俄罗斯人民对艰苦战争的悼念，寄托着他们对和平的祈祷。1942 年，建筑师切尔尼科夫（Я. Чернихов）最早提出了建立国家纪念碑的构想，但是由于正值战时，这一计划并未实施。1958 年在园内设立花岗石纪念牌，并在周围种植树木，奠定了公园的基础。1970 ~ 1980 年设计完成纪念碑，1984 年修建卫国战争纪念馆。整个公园于 1995 年 5 月 9 日正式建成，主设计师是 З.К.采列捷利（З.К.Церетéли）。这是一处纪念碑综合体，其主体是卫国战争纪念馆及胜利广场（图 4-69 ~图 4-71）。

胜利公园为规则式园林布局，东侧的景观大道从城市主干道通向中心广场，广场的代表性雕塑为胜利女神纪念碑，碑高 141.8m，象征着 1418 天的卫国战争。纪念碑顶部是胜利女神高举月桂花环，在一男一女两位吹着胜利号角的天使的陪伴下，正徐徐降临。三棱形的碑身是一柄冲天的青铜刺刀，上面刻有伏尔加格勒、基辅等在战争中经历过重大战役的城市的名字，以及英勇战斗的战士的浮雕（图 4-72）。纪念碑下是 5 层台阶，象征着 5 年艰苦战争。碑体底部的前方是具有象征意义的俄罗斯勇士格奥尔基持长矛英勇刺杀毒蛇的雕像。在广场的侧面则是一组具有抽象意味的群雕，表现的是一群赤身裸体正走向毒气室的苦难的民众。

纪念碑两侧的草坪上，用不同的植物拼出了“1941—1945”两组数字，展示战争持续时间与和平来之不易的主题。景观轴线北侧是一组大型喷泉，南侧的草坪中设有纪念柱，外围道路种植密林，围合成相对安静的休闲空间。胜利女神纪念碑的背面是扇形环抱的卫国战争博物馆，馆内陈列着由多部分组成的大型全景壁画，记录了二战中包括攻克柏林在内的多个重要战役。馆内的装饰设计同样围绕主题。馆中哀悼厅内的吊灯独具匠心，由串缀在顶棚上垂下的无数灯绳上的玻璃珠组成，总共 2700 多万颗，代表着二战中苏联 2700 多万死难者所流下的泪珠。整个设计具有强烈的象征意味，与反法西斯的主题紧密相关（图 4-73、图 4-74）。

博物馆后设有休闲花园和露天展览空间，花园内的纪念雕塑群“万人坑”极具震撼力；展览区布置有火炮、坦克、飞机和舰艇等战争实物。胜利公园综合了雕塑、建筑、广场、水景、绿化等展示形式，为俄罗斯现代纪念型园林的代表作之一（图 4-75、图 4-76）。

图 4-61　图拉胜利广场中央的苏联军人雕像

图 4-62　图拉胜利广场中心部分

图 4-63 图拉胜利广场前集散空间

图 4-64 图拉胜利广场台阶

图 4-65 图拉胜利广场菱形刺刀型方尖碑

图 4-67 图拉胜利广场周边绿化和街景

图 4-66 图拉胜利广场绿化

图 4-68 图拉胜利广场火炮模型

图 4-69 莫斯科胜利公园航拍图

图 4-70 莫斯科胜利广场及远处的胜利女神纪念碑

从莫斯科胜利女神纪念碑回望远处的凯旋门

莫斯科胜利女神纪念碑基座

图 4-73　绿色草坡上用红色花卉装饰着“莫斯科”字样

图 4-74　安置在莫斯科胜利广场中轴线两侧的纪念柱

图 4-75　莫斯科胜利公园及广场几何状的绿色草坡

图 4-76　通向莫斯科胜利女神纪念碑的中轴线两侧是柱状喷泉

5 森林公园

Лесопари

5.1 森林公园概况

森林公园是俄罗斯各大城市及近郊占地规模最大，人工成分最少，以天然森林为主要依托的园林类型。俄罗斯森林拥有面积位居世界第一，国土的50%以上为森林所覆盖，俄罗斯的森林公园建设具有十分优越的基础条件。苏联对森林公园的布置十分重视。早在1943年，政府就作出了关于在所有城市、区中心、工人村和疗养区周围设置绿化区的决定。森林公园在俄罗斯的城市绿地系统中占有极其显著的地位，它们既是游览胜地，又为城市贮备和输送大量新鲜空气，很大程度上影响着整个城市生态，而俄罗斯的城市总体规划中也考虑了今后森林公园网的发展（图5-1）。

实际上，俄罗斯的城市公园发展之路也与森林息息相关。得益于丰富的森林资源，俄罗斯各城市的市区和郊外均拥有大片的天然森林。其中，城市建成区的森林经过多年的开发建设和完善，逐渐发展为各类城市公园，景观更多地借助人工成分而形成；而建成区以外的森林，由于面积巨大（动辄几百公顷甚至上万公顷）且远离市区，主要打造为郊野游憩地，这里自然的、原生态的风貌更加显著。俄罗斯的森林公园往往都是辽阔游憩区的组成部分，公园里有各种形式的公用设施和建筑物，有完善的道路系统，并设有大面积的草坪，以保证集体郊游的需要（图5-2、图5-3）。

苏联的工业化和城市化完成时间较早。随着大城市人口密度的增长，工业企业的发展，交通运输紧张程度的增强，城市居

图5-1　莫斯科比特采夫森林公园内的白桦林雪景

民要求在良好的自然环境中游憩的愿望也随之增长。相当部分市民习惯到郊外去游憩，这对城市与郊外地域交通联系的改善以及森林公园服务设施水平的提升提出了更高的要求。俄罗斯城市居民的私人汽车拥有量较高，郊外的森林公园成为市民周末进行短途游憩的重要场所，人们可以在这里作短期或长时间的郊游，组织野餐，水边游憩（游泳、钓鱼、开展帆船或划船运动），滑雪，采摘等。在一些超大规模的森林公园里还设置有大型的运动设施如靶场，汽车、摩托车、自行车运动场，运动员训练场等。有些森林公园还划出狩猎区，甚至配备疗养院、休养所、青少年营地、第二课堂实践基地等（图 5-4、图 5-5）。按照相关规定，俄罗斯每一居民占有的郊区森林面积指标为：小城市 $50m^2$，中等城市 $100m^2$，大城市 $200m^2$。

在规划设计层面，对于森林公园主要考虑以下 5 个方面的问题：在风景最优美的地区创造最有利的休息和游玩的条件；在考虑保护自然景观的同时，合理布置游憩场地和建筑设施；沿风景最优美的地段铺设道路系统，种植观赏乔木和花灌木，使一些林区也成为森林公园的一部分；为城市居民提供去森林公园最短的交通设施，如便捷的公路、铁路、水路，或架设高架铁路；良好的游赏场所（图 5-6 ~图 5-8）。

在苏联各城市中，莫斯科的森林公园系统具有代表性。莫斯科的森林公园建设始于 1935 年，当时在城市周围规划了森林保护环带，要求其从几个方向以绿楔的形式伸向城市，并与市区的公园、花园及林荫道等连接，成为城市新鲜空气的来源和居民的休息地。当时确定的森林公园保护带面积为 $230km^2$，随后的几十年，公园面积不断扩大，在城市中形成了自然优美的郊野环境。今天的莫斯科拥有数量众多的森林公园，面积巨大，甚至看不到尽头。离市区几分钟的车程，

图 5-2　莫斯科驼鹿岛国家森林公园密林区

图 5-3　莫斯科比特采夫森林公园内的休憩座椅

图 5-4　莫斯科驼鹿岛国家森林公园的马场

图 5-6　莫斯科比特采夫森林公园秋景

图 5-5　圣彼得堡涅夫斯基森林公园中富有俄罗斯地域风格的木结构建筑

图 5-7　莫斯科驼鹿岛国家森林公园丛林深处

图 5-8　圣彼得堡涅夫斯基森林公园冬景

即可享受到几乎是原始森林一样的公园（图 5-9）。园内多种植白桦林和灌木丛，走在林间的砂石路上，非常的静谧。其中在城市的东北面有一条规模巨大的森林公园带，被称为“绿色项链”，令人印象深刻。

5.2　森林公园实例

5.2.1　莫斯科比特采夫森林公园（Битцевский лесопарк в Москве）

比特采夫森林公园总面积达 1395hm^2，规划还将其相邻的草地及空地纳入到公园内，规模巨大，在世界上任何大城市的城区没有第二处。公园中占有一半以上比重的是具有重要价值的橡树和椴树林。园内地形起伏，切尔塔诺夫卡河和哥罗德尼亚河在幽深的河谷中缓缓流过，河岸美丽而陡峭。参与该公园规划的设计师有伊万诺夫（В. И. Иванов）、泽苗奇科夫斯卡娅（Н. В. Земячковская）、切尔尼亚夫斯卡娅（Е. Н. Чернявская）、德米特里耶娃（Т. Ю. Дмитриева）、戈尔布诺娃（Т. И. Горбунова）、帕尼切夫（А. Д. Паничев）等。公园规划方案的特点是：将公园所有建筑设施和场地作为综合体沿林中草地或树林边缘进行布置；公园毗邻的居住区有上百万人居住，所以在靠近居住区的位置设置一系列入口以及综合服务区。此外，在公园内的东北角建造了一个奥林匹克骑马运动场，这里除了进行国际比赛外，还可以开展一些休闲运动。公园西北部的切尔塔诺夫卡河和哥罗德尼亚河岸边水量充沛，建造了一系列亲水活动区。在整个公园中设有大量散步林荫道，它们从几乎没有被开发过的原始森林中穿过，景色十分优美。公园周边拥有地铁等便捷的公共交通，冬天这里还是一个非常受欢迎的滑雪场（图 5-10 ~图 5-21）。

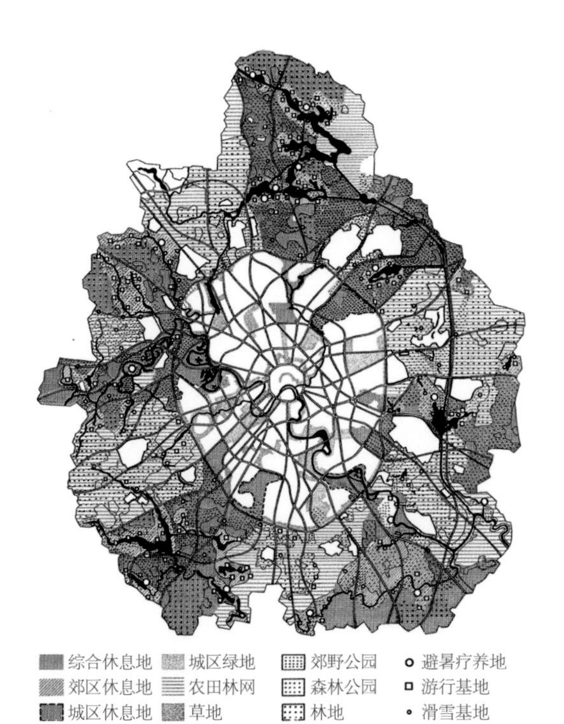

图 5-9　莫斯科森林公园布局图

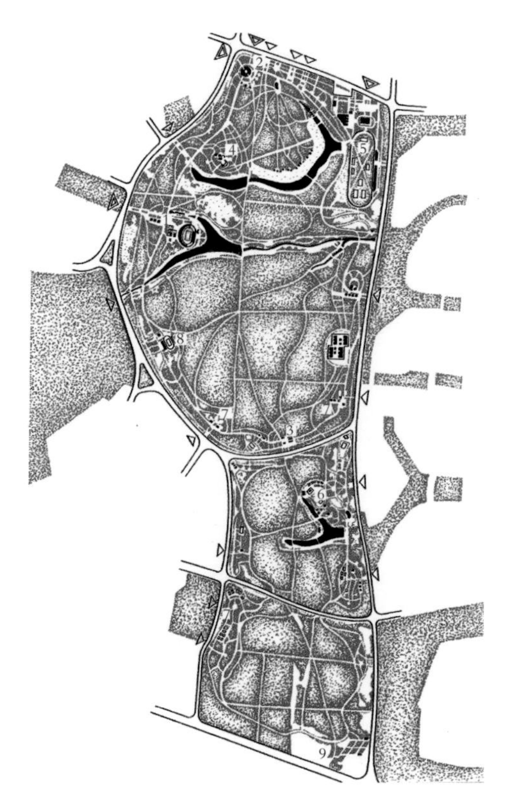

图 5-10　比特采夫森林公园平面图

1- 综合体育设施；2- 公园中心；3- 公园分中心；4- 儿童城；5- 骑马场；6- "劳动协会" 基地；7- 游憩综合区；8- 自行车城；9- 管理区

图 5-11　比特采夫森林公园冬景

图 5-12　比特采夫森林公园深秋景象

图 5-13　比特采夫森林公园呈现出天然森林景致

图 5-14　比特采夫森林公园内的天然林木

图 5-15　比特采夫森林公园内林木参天

图 5-16　比特采夫森林公园内郁郁葱葱的植被

图 5-18　比特采夫森林公园雪景

图 5-17　比特采夫森林公园全景图

图 5-19　比特采夫森林公园被皑皑白雪覆盖

图 5-20　深秋的比特采夫森林公园如诗如画

图 5-21　比特采夫森林公园银装素裹的松林

5.2.2 莫斯科驼鹿岛国家自然公园（Государственный природный национальный парк《Лосиный остров》）

莫斯科驼鹿岛森林公园，又称驼鹿岛国家自然公园，位于莫斯科东北郊。总面积 116.215km^2，其中约 27% 的区域位于莫斯科市内。园内保留着原始状态的多种植物以及 200 多种动物。园中的水沼地区以及阿列克谢耶夫小树林中的树龄都在 250 年以上。该园曾是伊凡雷帝最喜爱的狩猎场。17 世纪上半叶，森林里曾进行过猎驼鹿的活动，“驼鹿岛”因此而得名。驼鹿岛公园的建筑平面布置考虑了两种游憩方式：在特别保护区，可以组织能够丰富知识的游览；而在缓冲区，则可在大自然的环境中进行郊外游憩，但这对公园的服务设施水平要求较高，并且需保证对自然环境的保护。设计师规划了进行科教和丰富知识的参观游线，它们通向公园最有价值的区域；规划的各风景点都具备游憩草坪和观景广场（图 5-22 ~图 5-30）。

5.2.3 圣彼得堡涅夫斯基森林公园（Невский лесопарк под Санкт-петербургом）

涅夫斯基公园是圣彼得堡最重要的森林公园之一，距离市中心 19km，面积 650hm^2。园内的银湖区景色优美，深受市民喜爱。该园采用自然风景式构图，沿着美丽的林带铺设游览线路，并考虑了开朗空间与森林地带的交替，从而营造出富于变幻的空间感（图 5-31 ~图 5-36）。

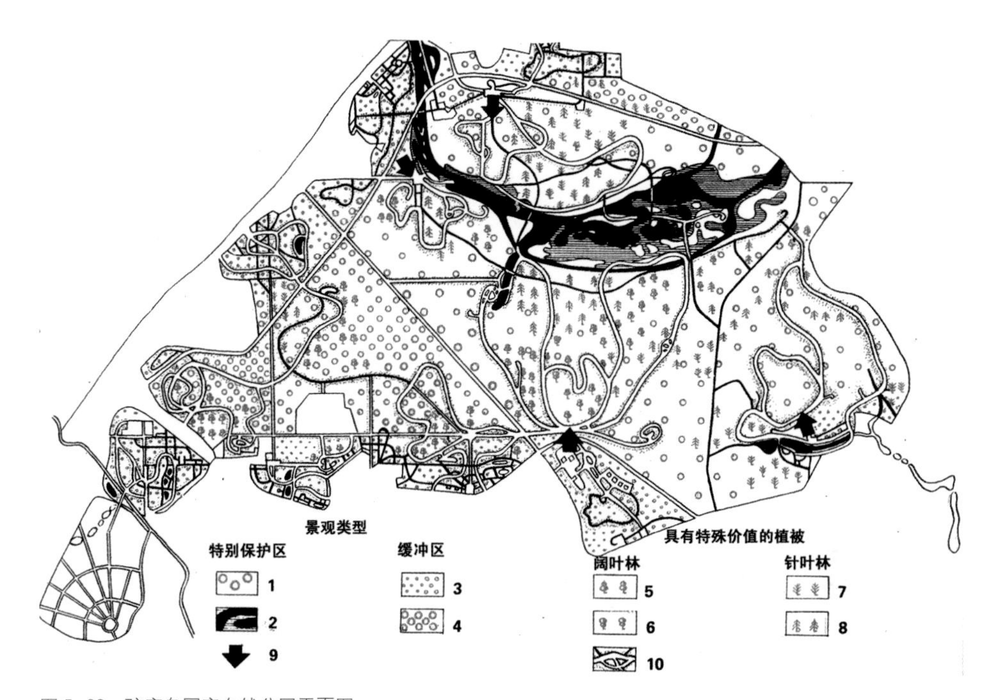

图 5-22 驼鹿岛国家自然公园平面图
1- 森林；2- 湿地；3- 公园；4- 森林公园；5- 椴树林；6- 橡树林；7- 松树；8- 云杉林；9- 特别保护区入口；10- 游览路线

图 5-23 沙俄时期的驼鹿岛国家森林公园场景（油画）

图 5-24 驼鹿岛国家自然公园高压线两侧林带

图 5-25 驼鹿岛国家自然公园内通透的林下空间

图 5-26 驼鹿岛国家自然公园秋景

图 5-27 驼鹿岛国家自然公园中的原始森林

图 5-28　驼鹿岛国家自然公园林荫路雪景

图 5-29　驼鹿岛国家自然公园深秋的白桦林

图 5-30　驼鹿岛国家森林公园中随处可见的白桦树

图 5-31　涅夫斯基森林公园平面图

图 5-32　涅夫斯基森林公园中富有俄罗斯地域风格的木结构建筑

图 5-33　涅夫斯基森林公园丛林中的小木屋

图 5-34　涅夫斯基森林公园冬景（一）

图 5-35　涅夫斯基森林公园冬景（二）

图 5-36　涅夫斯基森林公园秋景

6 体育公园

Спортивные парки

6.1 体育公园概况

苏联和俄罗斯作为世界体育强国以及众多大型国际体育赛事的举办地，拥有与自身在国际体坛的地位相适应的规模庞大的体育场馆设施，其特点是把自然景观，特别是绿地与体育场的平面建筑艺术布局紧密结合，使体育场实际上成为体育公园：几乎所有的体育建筑都直接建在绿地上，即使有些体育设施建在单独划出的地区，但它们仍与公园毗连，成为公园的延续部分（图 6-1、图 6-2）。按照戈罗霍夫（В. А. Горохов）的定义，体育公园可以是用于训练专项体育项目，服务一定年龄段人群或者功能不同（训练、表演、医疗体育等）的专类公园，也可以是综合性多功能公园，用于多种体育项目运动员共同训练和比赛，用于公众性休息、健身和运动娱乐。

早在 19 世纪，首批公共花园上开始设置体操场、网球场、马道等体育设施。十月革命后，莫斯科第一批体育场设在全俄展览中心（1923 年），之后还建设了“化学家”和“火花”体育场，列宁格勒市“红色体育国际”体育场，基辅市“红色体育场”；1930 ~ 1935 年间，全苏联共建成约 650 座体育场。

1934 年由建筑师科利（Н. Я. Колли）、安德烈耶夫斯基（С. Г. Андреевский）等制定的苏联中央体育场规划方案对苏联在建造大型综合性体育场的理论和实践方面作出了重大贡献。按照该方案，中央体育场占地 300hm^2，与占地达 1000hm^2 的伊兹梅洛夫森林公园（Измайловский парк）相连。体育场有南、北两个出入口，沿着不同高差的地势修建了交通道路系统。整个体育场呈一系列被绿化的台地，由高向低逐级下沉，直至水池边。主赛场和群体活动场建在台地上层，环主赛场的台地与自然地形融为一体。中央体育场可容纳 10.5 万观众。

20 世纪 50 年代，苏联体育场的建设在理论和实践发展中进入了一个新阶段，这一时期全苏联各地都兴建了大量新颖别致的体

图 6-1　莫斯科克雷拉茨克体育公园秋景

图 6-2 莫斯科克雷拉茨克体育公园夜景

育公园。1960 ~ 1970 年间，开始建设大型体育综合体，内有体育场、自行车摩托车赛车场、划船比赛场，以及体育锻炼和举办表演、比赛的场地，并注重同自然景观的融合。这一时期的代表性作品是位于克拉斯诺亚尔斯克的叶尼塞河疗养岛上的大型体育保健公园，该公园采用自然式布局，园内主要规划轴线与游览干线相吻合，把公园分成两大部分，即积极休息区（包括娱乐区、体育活动区和运动保健区）和安静休息区（图 6-3、图 6-4）。

1980 年莫斯科举办奥运会对国家体育公园的发展产生了巨大影响，修建了奥林匹克体育综合体，配备有体育场、游泳馆、体育设施和公园。奥林匹克综合体通常分为运动区（主要体育赛事）、训练区、运动器材区、奥运村、娱乐区、服务区。在实际操作中，根据具体功能和布局可以合并部分分区（比如运动区和训练区），也可不设置（娱乐区），还可增设水上运动区、自行车运动区等。这样的体育综合体可以解决众多复杂的城市规划问题：建造风格和结构现代化的体育设施、奥运村、宾馆、运动员和游客文化生活服务型建筑，实现综合体同城市交通体系及未来发展的相互联络（图 6-5 ~图 6-6）。

苏联解体后，俄罗斯先后举办或成功申办的大型体育赛事有 2013 年喀山大学生运动会、2014 年索契冬季奥运会、2018 年世界杯足球赛等，这对俄罗斯当代大型综合性体育公园的规划建设提出了新的要求，也进一步带动了体育公园在本国的发展。

体育公园的类型很多，有从事单项运动的（如网球、游泳等），有提供某一年龄组使用的（如少年儿童、青年等），有按功能作用不同而分的（如训练、表演、医疗保健），也有多功能综合性的。同文化休息公园一样，苏联和俄罗斯的各类体育公园都强调科学合理的功能分区，体育公园的核心一般是体育场，有时也会是建筑综合体或者花坛。园内的大型园林绿地主要是巧妙利用地形和自然景观，结合休息区营造的。一般而言，尺度较大的体育公园单辟休息区，其常常设于自然环境良好的林间或水边，又可分为安静休息区和积极休息区两类，前者呈现美丽的公园景色，有散步林荫道和休息场地，主要为民众提供宁静、舒适的环境氛围；后者结合一系列文体娱乐设施布置，也可设置儿童活动区，兼有一定的健身活动功能。尺度较小的体育公园也可根据实际情况将休息区与体育设施结合，分散布置于园内各处，具有一定的灵活性，在一定程度上也更能体现其公

图 6-3　从莫斯科大学观景台远眺卢日尼基体育公园

图 6-4　卢日尼基体育公园深秋落叶

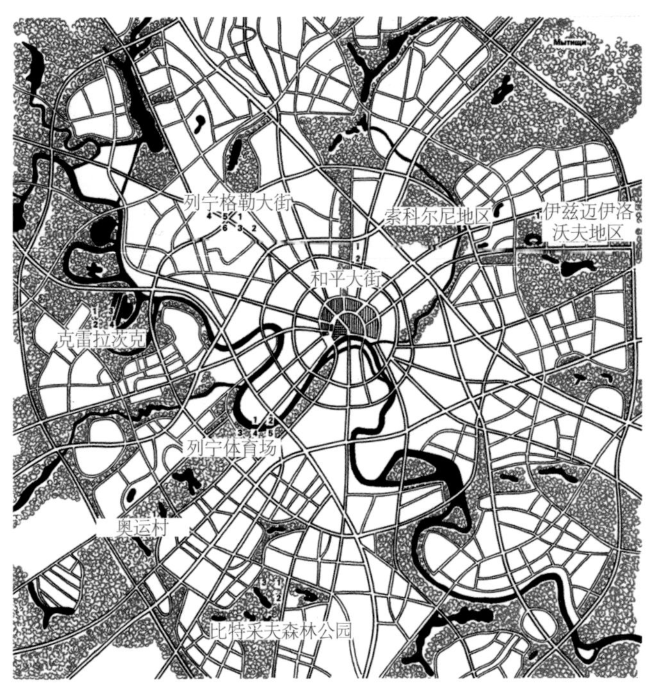

列宁体育场：1- 体育宫；2- 小体育场；3- 大体育场；4- 游泳池；5- 多功能体育馆
和平大街：1- 带顶棚的游泳池；2- 带顶棚的体育场
列宁格勒大街：1- 迪纳摩体育场；2- 小体育场；3- 青少年体育场；4- 中央陆军体育俱乐部体育宫；5- 足球、田径综合设施；6- 中央陆军体育俱乐部体育馆
奥运村：1- 奥运村建筑物
比特采夫森林公园：1- 带顶棚的骑马场；2- 带顶棚的体育场；3- 驯马场
索科尔尼地区：1- 体育宫
伊兹迈伊洛沃夫地区：1- 多功能体育馆
克雷拉茨克：1- 环形自行车道；2- 自行车赛车场；3- 射箭场；4- 划船水道

图 6-5　莫斯科市主要的奥林匹克公园分布图

图 6-6　卢日尼基体育公园内的训练场地

图 6-7　卢日尼基体育公园中央体育场内景

图 6-8　莫斯科克雷拉茨克体育公园内的网球训练场

园属性（图 6-7 ~图 6-9）。

6.2　体育公园实例

6.2.1　莫斯科卢日尼基体育公园（Спортивный парк в Лужниках в Москве）

卢日尼基体育公园，面积 180hm²，始建于 1956 年，是位于麻雀山下莫斯科河弯曲处的一处大型体育综合体。配备有体育场、体育馆、游泳馆、体育设施和公园，该综合体的中心是可容纳 10 万名观众的中央体育场，这里曾举行过 1980 年第 22 届奥运会的开闭幕式。中央体育场坐落在建设条件并不优良的一处河滩上，当时为了防止春汛时莫斯科河水上涨，整个场地平均垫高了 1.5m。整个体育公园用了 40hm² 场地来组织出入口集散广场及道路，并为公共交通以及私有汽车设立站点和停车场。观众从地铁站、地面公交车站和停车场都能直接到达各体育场馆（图 6-10 ~图 6-12）。

从平面构图来看，中央体育场建在林荫干道的交叉点上，其中向市区和麻雀山方向延伸的轴线占据主导地位，它与麻雀山上所建的莫斯科大学新校区的主体建筑的纵轴线相吻合，同时它也是卢日尼基体育公园的主轴线，该轴线对整个区域的总体规划起了极其重要的作用。沿着莫斯科河岸边是 30 多公里长的绿化带，它引导了体育公园的休息区。在整个体育公园内共栽植乔木 4 万多株，灌木 40 万株，四季草花 200 多万株。起主导作用的乔木树种有云杉、小叶椴、槭树、洋槐、稠李、落叶松、七叶树等。其中，体育公园的规则式区域采用行列式种植，而在沿莫斯科河面积巨大的休息区则采用自然式配置（图 6-13、图 6-14）。

1980 年莫斯科奥运会筹备期间，对卢

图 6-9　卢日尼基体育公园内的绿化配置

图 6-10　卢日尼基体育公园中央体育场夜景

图 6-11　卢日尼基体育公园滑冰场

图 6-12　卢日尼基体育公园训练场馆

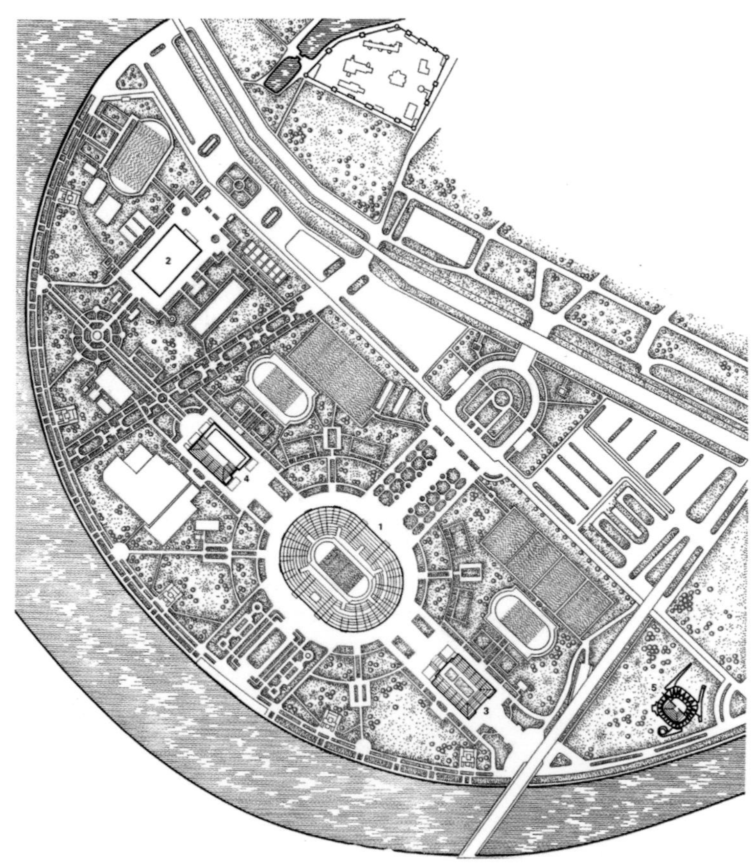

1-大体育场;2-体育宫;3-游泳池;4-小体育馆;5-友谊多功能体育馆

图 6-13 卢日尼基体育公园总平面图

图 6-14 卢日尼基体育公园中央体育场立面

日尼基体育公园进行了大规模改造，增设了现代化的体育建筑技术装备和服务设施，新添了人工照明系统。在中央体育场东部新建了外观颇像海星的多功能体育馆。整个改造工程全部保留并部分复原了 20 世纪 50 年代中期的建筑物，而新增的现代化工程项目则更强调和突出了场地原先总体规划的意图（图 6-15 ~图 6-20）。

6.2.2 莫斯科克雷拉茨克体育公园（Спортивный парк в Крылатском в Москве）

克雷拉茨克体育公园距离莫斯科市中心 12km，原址是克雷拉茨克山村，1973 年起为筹备莫斯科第 22 届夏季奥运会在此修建大型体育综合体，这是一个建在莫斯科河滩上的面积达 90hm² 的大型体育公园，在功能上主要规划为水上体育设施（水上公园）以及自行车赛道设施，它们之间被绿地隔开（图 6-21、图 6-22）。

水上公园建在克雷拉茨克山脚下，其宽阔的水面与延伸到岸边的低矮的体育建筑十分和谐地融为一体。供奥运会期间划船比赛的人工运河是水上公园的布局中心。运河长 2300m，其中竞赛区的一段水面宽 150m，返回区的一段水面宽 75m，它们之间以绿荫覆盖的小岛分隔开。由于人工运河和莫斯科河的水面标高不同，水流可以通过引水设施自动流入水上公园。固定看台上搭建有巨大的遮篷，可容纳 3400 名观众。奥运会期间还增设了临时看台，供 2 万多人同时观看比赛（图 6-23 ~图 6-26）。

从莫斯科河高高的河岸上远眺，可以看到极富艺术表现力的自行车赛车屋顶的轮廓。设计师们成功利用了原有地面的高差，将大量观众分别安置在高度不同的台阶上。观众看台入口设在地势较低的下层，所以看起来自行车赛场的一部分建筑仿佛掩隐在河滩的斜坡上。而建筑主体部分的全部立面朝向水

图 6-15　卢日尼基体育公园《俄罗斯体育大国》纪念碑

图 6-16　卢日尼基体育公园内的雕塑作品

图 6-17　卢日尼基体育公园 1982 年体育场踩踏事件遇难者纪念碑

图 6-18　卢日尼基体育公园景观灯柱

图 6-19　卢日尼基体育公园莫斯科奥运会吉祥物雕塑

图 6-20　卢日尼基体育公园球员雕像

图 6-21　莫斯科克雷拉茨克体育公园总平面图

1- 划船水道；2- 运动员看台；3- 划船水道看台；4- 自行车赛车场；5- 自行车赛车场看台；6- 射箭场；7- 咖啡馆、餐厅；8- 滑台滑道；9- 体育大楼

图 6-22　克雷拉茨克体育公园全景图

图 6-23　克雷拉茨克山脚下宽阔的水面

图 6-24 克雷拉茨克体育公园人工运河（一）

图 6-25 克雷拉茨克体育公园人工运河(二)

图 6-26 克雷拉茨克体育公园水上公园看台

面，从自行车赛场各层的窗口都可以观赏到辽阔而美丽的水上风光。

此外，在克雷拉茨克体育公园还修建了一条近 14km 长的环形公路自行车赛道，它建于公路与人行道旁，宽 7m，自行车骑行一圈升高 254m。在起点旁的天然山冈上为观众搭建了临时看台（图 6-27）。

克雷拉茨克体育公园内所有体育设施都统一于宽阔的园林绿地之中，天然水系和那些主要用于观赏的人工水体、河滩草地，以及树木林立的山坡、丘陵和岛屿等都是公园布局和造景的组成部分。开挖运河和人工水体的弃土被用来塑造公园的地形（图 6-28 ~图 6-31）。

6.2.3 莫斯科纪念十月革命 60 周年体育公园（Спортивный парк И.М.60–летия Великого Октября）

莫斯科纪念十月革命 60 周年体育公园位于莫斯科纳加津斯基河滩（Нагатинская пойма），占地 170hm²，建于 1977 年。公园被分为体育活动区、儿童活动区和休息区三个部分。其中与“无产者大街”相邻部分为规则式布局，绿化采用行列式种植；公园东部（休息区）为自然式布局，绿化采用群落式种植。笔直的林荫路从公园入口可通达园内各个分区。一条自西向东，宽 20m 的林荫大道成为公园的主轴，直抵休息区旁稍高出地面的风景广场。园内各支路与主园路垂直，通往体育活动区和儿童区（图 6-32、图 6-33）。

体育活动区占地 40hm²，包括可容纳 3 万人的主赛场以及可容纳 5000 人的综合体育馆、训练馆、游泳池以及其他体育设施。儿童活动区占地 10.5hm²，有少年宫、音乐学校、少年体校和娱乐设施。娱乐城里有瞭望塔、堡垒墙、要塞壕、水渠和升降桥等，使得该区域造型独特，引人入胜。休息区占地 95hm²，分为两部分。安静休息区风景优美，

-27 克雷拉茨克体育公园公路自行车赛道鸟瞰

图 6-28 克雷拉茨克体育公园鸟瞰（一）

-29 克雷拉茨克体育公园鸟瞰（二）

图 6-30 克雷拉茨克体育公园鸟瞰（三）

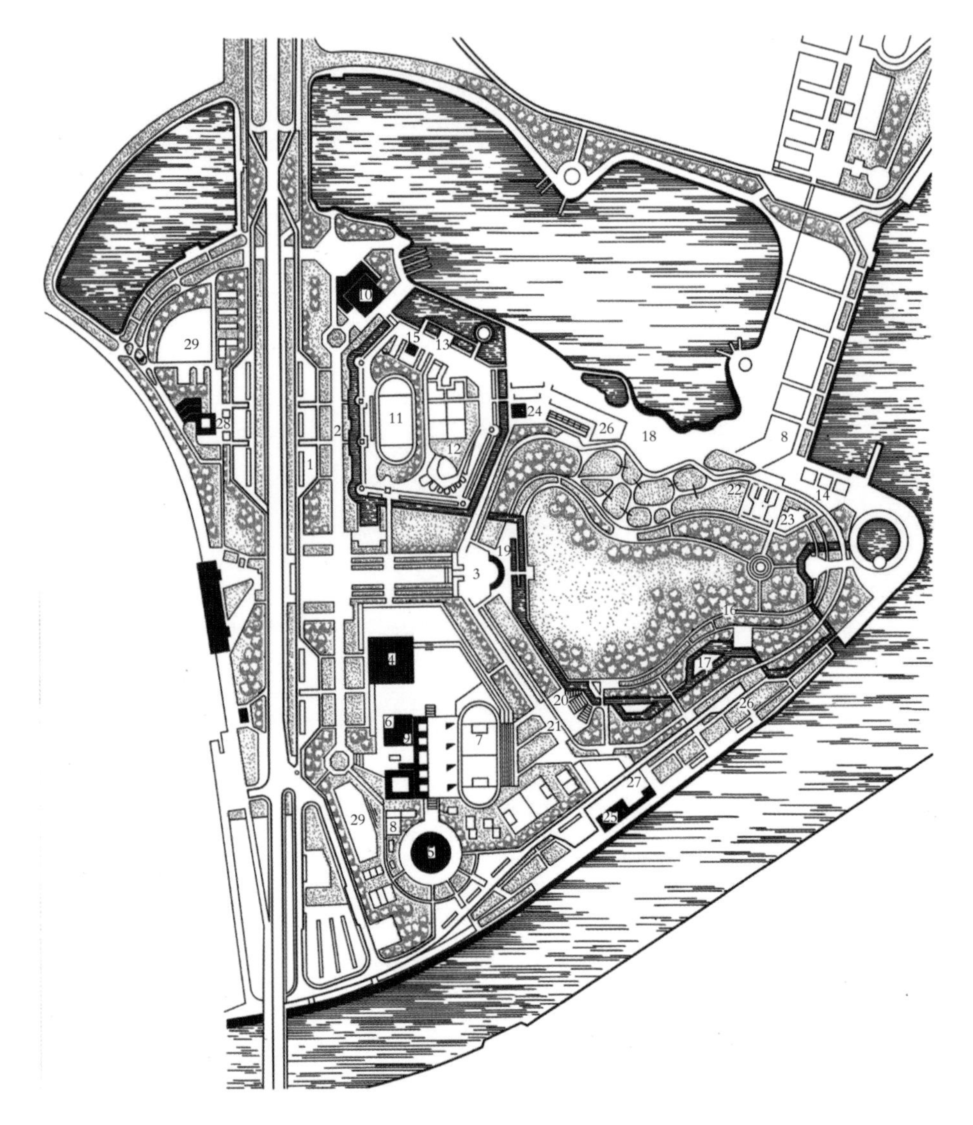

图 6-32 莫斯科纪念十月革命 60 周年体育公园
1- 停车场；2- 林荫道；3- 观景台；4- 多用能综合体育馆；5- 带顶棚的游泳馆；6- 体育馆；7- 体育赛场；8- 运动场地；9，15，23，24，27- 咖啡馆、餐厅；10- 少林宫；11- 主赛场；12- 娱乐综合体；13- 冲浪游泳；14- 少年海员俱乐部；16- 安静休息区；17- 水渠；18- 浴场；19- 小船码头；20- 露天剧场；21- 环形参观游览道；22- 游戏设备；25- 河道航运南站；26- 厕所；28- 培训所；29- 军事运动设施

图 6-31 克雷拉茨克体育公园鸟瞰（四）

图 6-33 莫斯科纪念十月革命 60 周年体育公园鸟瞰

有许多散步林荫道和草地。积极休息区里有露天剧场、娱乐游戏设备，以及一系列浴场和人工游泳池。

园内主要绿化树种有：西伯利亚落叶松、疣皮桦、大叶椴、槭树、垂柳、松树以及其他树种。

6.2.4 莫斯科迪纳摩体育公园（Спортивный парк《Динамо》в Москве）

莫斯科迪纳摩体育公园建成于 1928 年，占地 40hm²，是全苏第一届各族人民运动会的举办地。该公园建在古老的彼得罗夫公园原址上，这是一个带有训练场地的体育竞技场，场地四周是摩托车、自行车跑道，还有 2 座钢筋混凝土看台。园内最初可容纳 3.5 万名观众，扩建后最高可容纳 8 万人。园内设有一些文体娱乐设施，如电影院、餐馆、交响音乐台等，该公园不仅为运动员提供了必需的训练设施，还为周边居民休息和举办各种文化教育活动创造了条件。公园没有将体育场馆区域和休息区完全区分开，而是将休息点散布在园内各处，结合体育设施和训练场布置，使得这里看上去更像一座美丽的公园（图 6-34 ~图 6-38）。

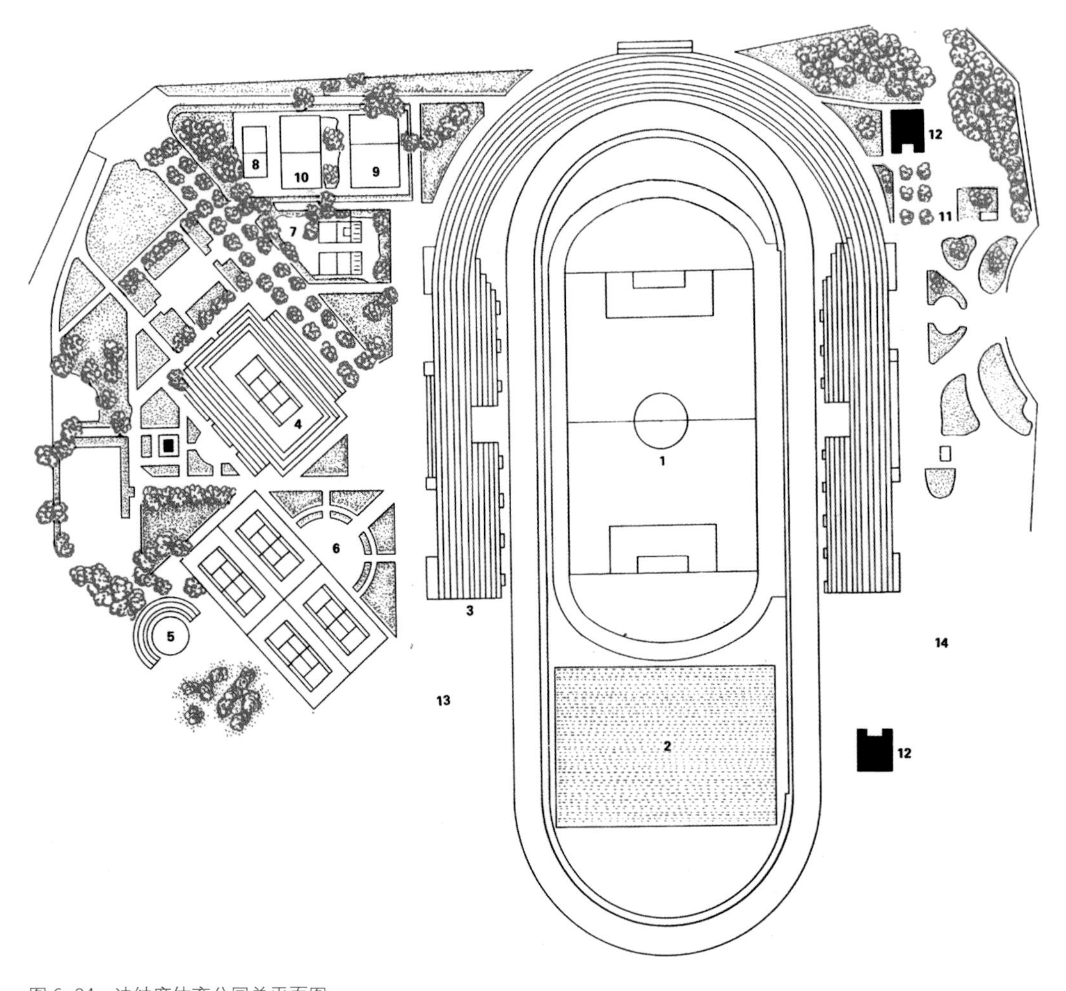

图 6-34 迪纳摩体育公园总平面图

1- 主赛场；2- 训练场；3- 看台；4- 带看台的网球场；5 ~ 10- 各种体育运动设施；11- 管理处；12- 厕所；13- 管理处；14- 停车场

6.2.5 莫斯科奥林匹克综合体（Комплекс《Олимпийский》в Москве）

为筹备 1980 年第 22 届夏季奥运会而建的莫斯科奥林匹克综合体，位于莫斯科城市中轴线的北侧，和平大街和新修建的北方之光大街之间划出的 20hm² 的地块上，其主体是当时欧洲最大的一座多功能带有顶棚的综合性体育馆，可容纳 4.5 万名观众。体育馆周边是体量巨大的园林绿地，向北延伸，绵延不断。体育馆旁边修建了游泳场，内有 2 个供比赛用的泳池（图 6-39、图 6-40）。

体育综合体的立体空间结构处理方式是，

图 6-35 迪纳摩体育公园内的主体育场

图 6-36 迪纳摩体育公园主体育场内景

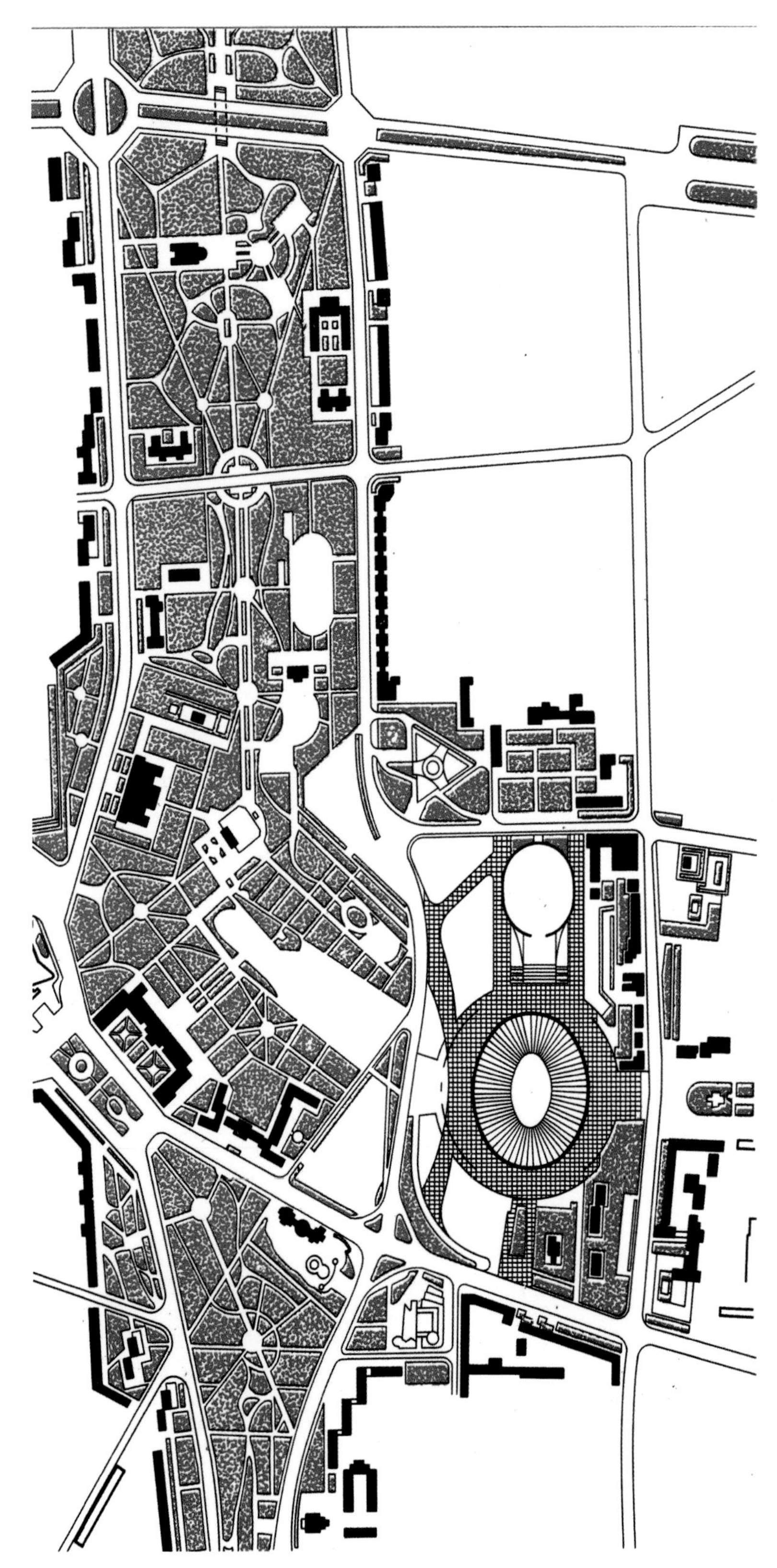

图 6-39　莫斯科奥林匹克综合体平面布局图

图 6-37　迪纳摩体育公园运动员雕像

图 6-38　迪纳摩体育公园内的植物配置

图 6-40　莫斯科奥林匹克综合体游泳馆

体育馆和游泳场看台共建用，把两个带顶棚的设施连接起来，成为统一的整体。

场地的交通组织最大限度利用了高差达11m的原有地形，形成立体交通系统，其中上层为人行步道，下层为交通干道，在步行通道下面的观众席位下，紧凑地排列着行政办公用房。

奥运结束后，场馆的后续利用十分高效，场地的许多临时看台被拆除，腾出的空地上搭起了体操训练馆和群众健身体操馆。体育馆内可举办30种不同的文体活动和各种社会活动，中央赛场可同时供多个体育训练场使用，各场地都有专门的入口和更衣室。泳池则为广大青少年开放，每周日有多达5000名少年儿童来学习游泳（图6-41、图6-42）。

图6-41　莫斯科奥林匹克综合体体育场馆周边的绿地

图 6-42　莫斯科奥林匹克综合体体育公园内的绿地

7 植物园

Ботанические сады

7.1 植物园概况

俄罗斯国土辽阔，植物园事业非常发达，据资料介绍：苏联科学院共下设了115个国家级植物园（图7-1、图7-2）。

苏联和俄罗斯的植物园基本上都隶属于国家科学院及下属各分院，此外一些重点综合大学和农林类高等院校也设有自己的植物园，如著名的莫斯科大学、基辅大学、喀山大学、白俄罗斯大学、列宁格勒林学院等，都有作为自己教学和科研的规模很大的植物园。

俄罗斯的植物园由俄罗斯科学院莫斯科总植物园统一指导科研工作，为引种驯化、保护保存和开发利用苏联的植物园资源从事着大量深入的科学工作。植物园在俄罗斯人民中享有极高的声誉，从老人到青少年，都对参观植物园怀着极大的兴趣（图7-3）。

图7-1　莫斯科总植物园出口处景观

图7-3　莫斯科总植物园树木园区景观

图7-2　莫斯科总植物园内的林荫路

俄罗斯植物园的主要特点是：

1. 尺度巨大，环境优美。由于国土面积巨大，森林资源丰富，苏联和俄罗斯的植物园普遍拥有巨大规模，莫斯科总植物园、基辅植物园、罗斯托夫植物园、尼基塔植物园、高尔基植物园、西伯利亚中央植物园等面积均在200hm^{2}以上，它们多采用自然风景式布局，园内风景优美，令人神往（图7-4 ~图7-7）。

2. 核心区保留大片原始森林（禁伐林）。植物园中常常保留了大片地方植物区系的林木，保存了禁止砍伐的天然林和自然界古迹。如莫斯科总植物里有禁伐林——奥斯坦金诺禁伐栎树林，西伯利亚中央植物园内有松林，尼基塔莫洛托夫植物园内有桧柏禁伐林，巴图米植物园内有科尔希达森林等（图7-8）。

3. 强调植物园作为科研机构的属性，科研手段较为齐全，尤其注重基础理论的研究。俄罗斯的植物园有着优良的科学研究传统，无论是隶属科学院系统，还是大学等教学机构，都以科学研究和科普教学为第一目的。俄罗斯的植物园基本活动方向是研究植物区系及天然野生和栽培类型的植被。对最有经济价值的植物在栽培的条件下进行有关试验、驯化、移植等工作，用新的植物类型和品种来充实本国的植物资源。一些植物园在实验室进行植物学、形态学、生理学及植物生物化学等的研究，另一些植物园研究分类、植物生态学或植物地理学，还有一些植物园研究及引种栽培的基本生物技术等（图7-9）。

苏联和俄罗斯的植物园一般分为两个基本部分，即展区和工作区。一般情况下，展区每年从5月1日至10月1日对外开放。展区的分类有的按植物的地理区系划分，例如：高加索展区、西伯利亚展区、中亚展区……；也有的植物园按气候带划分展区，如寒带植物区、温带植物区……；也有的按加盟共和国划分展区，如俄罗斯植物

图 7-4　明斯克植物园深秋

图 7-5　莫斯科总植物园入口处大草坪

图 7-6　明斯克植物园一景

图 7-7　基辅植物园冬景

图 7-8　莫斯科总植物园园景

图 7-9　基辅植物园温室

图 7-10　明斯克植物园园景

区、乌克兰植物区……。所有的植物园尽管展区分类不同，但有一个共同的特点，就是都有一个经济植物展区，向人们广泛宣传本地区对国民经济有重要价值的植物，培养人们对植物的兴趣并自觉地保护这些植物（图7-10～图7-12）。

7.2 植物园实例

7.2.1 莫斯科总植物园（Главный ботанический сад в Москве）

莫斯科总植物园隶属于俄罗斯科学院，坐落在奥斯坦金森林公园旧址之上，毗邻全俄展览中心，占地面积360hm^2，是欧洲最大的植物园。植物园始建于1945年，其设计者有Н.齐钦（Н. Цицин）、П.拉宾（П. Лапин）、И.彼得罗夫（И. Петров）等。园内收集活植物种类2.1万种（含种、类型、变种1.1万种，园艺类型1万种），其中占据绝对优势的树种有欧洲栎、白桦和欧洲赤松，它们大多有100～200年树龄。该园又以郁金香、鸢尾、唐菖蒲、芍药等为特色（图7-13～图7-16）。

莫斯科总植物园的植物展示区主要由植物进化区、原苏联植物资源区（现分为俄罗斯欧洲部分、高加索、中亚、西伯利亚和远东植物区系等）、树木园、野生植物区、观赏植物区、栽培植物区、日本园以及温室（热带和亚热带植物区）等组成（图7-17～图7-19）。

植物进化区位于植物园东部主入口区域，面积约3.8hm^2，是根据其他所有展区而设置的引导部门。此处展示从水生植物到被子植物的各种类型，旨在创造性地表达达尔文主义的基本原理，如变异性、遗传性、选择、有机体和环境等。

图7-11 明斯克植物园秋景

图7-12 莫斯科总植物园小径

图 7-13　莫斯科总植物园主入口门柱

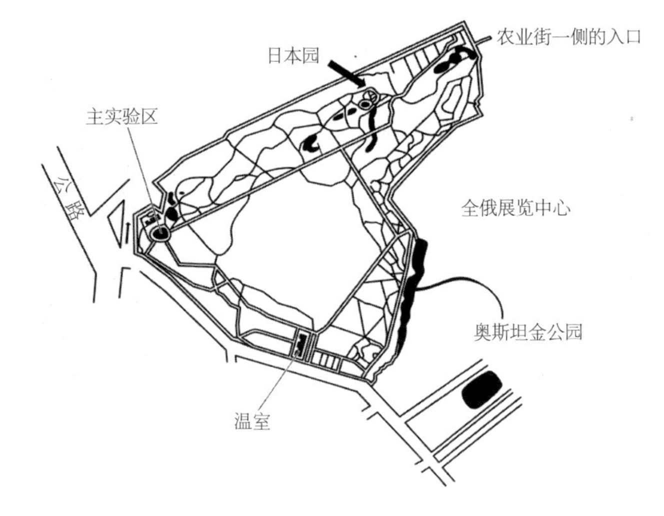

图 7-14　莫斯科总植物园平面图

图 7-15　莫斯科总植物园主入口草坪区

图 7-16　莫斯科总植物园湿生植物

图 7-17　莫斯科总植物园秋景

图 7-19　莫斯科总植物园树木园区景观

图 7-18　莫斯科总植物园植物群落景观

图 7-20　莫斯科总植物园疏林景观

图 7-21　莫斯科总植物园核心区

图 7-22　莫斯科总植物园树木园区的优美风景

苏联植物资源区位于植物园东部，约 $27hm^2$，它建立在植物地理学基础上，展示了俄罗斯欧洲部分、高加索、中亚、西伯利亚和远东植物带最有代表性的类型和植物要素。每一个展览区介绍了特有的植被类型和该植物所处地区的植物，重要的经济植物，以及观赏植物。

树木园是园中风景最优美的区域，占据了园内最中心的位置（$75hm^2$），树木园按照自然风景园风格所建，这里的风景园林约有 3000 种乔灌木植物，这些树种充分展现了西伯利亚、远东、阿尔泰、中亚以及其他地理植物区的典型植被风貌（图 7-20 ~ 图 7-23）。

野生植物区面积约 $4hm^2$，依照它们的特征和价值，展示出世界植物区系的植物原料资源（食用、药用、原料植物等）。

观赏植物区面积约 $23hm^2$，这里云集着各专类园：玫瑰园内有 2000 多个品种，其中非常名贵的玫瑰品种有 250 个，有着极高的观赏价值。玫瑰园中还修建了人工池塘和别致的喷泉；丁香园收集丁香品种 350 个；宿根花卉园中有珍贵的郁金香品种 320 个，水仙 230 个品种，此外还有百合、番红花、肉豆蔻、绵枣儿、风信子等。这里还引种栽培着 350 个品种的鸢尾，芍药 558 个品种，唐菖蒲 950 个品种，以及福禄考 300 余种品种。观赏园中还栽种着各种颜色的矮牵牛、黄花草、巢菜、紫菀等其他花卉。园中还引种了 1000 多种景天科植物，65 种观叶蕨类，此外还有虎耳草、铃兰、大花飞燕草、风铃草等等。尤其引人注目的是观赏植物园中用盛开的鲜花建了一个有生命的鲜花日历。从 5 月至 10 月，报春花、水仙花、郁金香、铃兰、丁香花、芍药、山梅花、罂粟、鸢尾、羽扇豆、飞燕草、百合、月季、大丽花、唐菖蒲、金光菊、翼金鸡菊，按开花顺序用鲜花组成每一天的日历，从早春一直开放到深秋，可谓别具匠心。

图 7-23 莫斯科总植物园核心区的天然林木（禁伐区）

图 7-24 莫斯科总植物园日本园秋景

栽培植物区面积 12.3hm^2。它以植物活标本的形式显示了植物进化和优良品种选育的全过程。如苹果、马铃薯、白菜、小麦等，从野生种到逐渐进化的栽培品种，再从栽培品种选育或杂交出高产优质品种，全部按进化顺序栽培在这个园中，用活的植物显示了人工选育以及生物进化的规律和全过程，使参观者受到深刻的科普知识教育。这个园中一共引种了果树、蔬菜、粮食、药用、经济作物达 2200 多个物种及其变种。

日本园是吸引游客量最多的区域，是将东方元素加入到植物园中的鲜明例证，其占地面积 2.7hm^2，由日本风景建筑师和造园师设计。日本园位于天然池塘上面，水池里有个人造小岛和一个名为“园林之乐”的封闭的小河系统。小河环绕着整个园林，蜿蜒而下，最后以瀑布的形式从高处泻下，在人工摆放的漂石中淙淙作响，连绵不绝。日本园是按照日本园林建筑的传统而建，是一个有水池和小岛的园林。园中有 3 座互不对称的亭子，好似角落中坐落着一个不等边三角形。建筑小品同样令人印象深刻，石质宝塔是佛教寺庙的标志，它成为净化的源泉和照亮前进道路上的明灯，此外还设置了打开风景画面的曲折的木制小桥。日本园中生长着 100 多种植物，这些植物基本都是从日本运过来的，有樱花、榆树、日本杜鹃。园中每个季节都拥有着绝无仅有的魅力。冬天园林变成端庄的白色，皑皑白雪覆盖在亭子、宝塔顶上，以及为欣赏雪景特意盖的悬楼上方。春天园林中黄色的连翘开始盛开。4 月末 5 月初，满园盛开樱花。樱花在园中就像在故乡一样可以盛开三四天。紧接着樱花开完之后盛开的就是杏花和杜鹃。鸢尾花在初夏盛开，蓝紫色、银白色的薰衣草，粉色的伞房花，日本的绒线菊交替盛开。日本园中的秋天是一个神奇的时节：绯红色的枫叶落在翠绿色的草坪上，落叶盖满了粉红色的黄杨蒴果，深红色的杜鹃叶子造成了第二次开花的错觉

图 7-25　莫斯科总植物园日本园冬景

（图 7-24 ~图 7-26）。

温室面积 50000m²，共有 19 个不同气温和湿度的小温室组成，分别引种栽培着来自热带、亚热带不同地区、不同气候的植物。在亚热带温室中种有兰花、杜鹃等，在热带温室中有番木瓜、可可树、凤尾竹、芒果、猪笼草等，还有观赏价值很高的树蕨，使人仿佛置身于热带季雨林之中（图 7-27、图 7-28）。

莫斯科总植物园的另一个大的重要部门是工作区，在这里，科学工作者们进行着大量深入细致的植物科学研究。莫斯科中央植物园的基本任务是引种驯化、开发、利用及保护俄罗斯及苏联地区的植物资源，从事植物生理、生化、分类、遗传育种等科学研究工作。园中从事科研的机构有 10 个，即：苏联植物区系标本室、树木学研究室、植物组织培养室、花卉栽培研究室、热带植物区系研究室、种子室、遗传育种研究室、植物生理研究室、植物保护研究室、生态学研究室，此外还设有科学成就展览室、科技档案室、摄影室以及规模很大的图书资料室（图 7-29）。

莫斯科中央植物园设有全国植物园领导委员会，直接领导下属的全国 115 个植物园。每年由中央植物园委员会发布计划公告，发往各个植物园，指导它们的科研活动。植物园注意保存、引种、驯化世界上的珍稀危植物，研究植物的生理过程和生态学，定期为国家提供保护植物名录。

7.2.2 明斯克植物园（Ботанический сад в Минске）

明斯克植物园始建于 1932 年，占地面积约 100hm²，其中温室面积 5000m²，隶属白俄罗斯科学院。该园在卫国战争期间遭到严重损坏，于 1945 年开始恢复重建，形成今天的面貌。明斯克植物园拥有活植物种类 10000 种，其中木本植物 1500 多种。观

图 7-26 莫斯科总植物园日本园

图 7-27 莫斯科总植物园温室外景

图 7-28 莫斯科总植物园温室内景

图 7-29 莫斯科总植物园科研楼

赏植物有254个属，4118种；温室植物约2000种。以松柏类、观花植物（郁金香、芍药、丁香、鸢尾、蔷薇、唐菖蒲）、观叶植物、药用植物、芳香植物、仙人掌及多浆植物为主要特色。园内有模拟的天然森林、天然草原、沼泽等展区，使参观者受到一次活生生的植物科学普及知识的教育（图7–30～图7–33）。

明斯克植物园植物区系的规划布局包括：亚种中部、北美、远东、欧洲和西伯利亚、白俄罗斯、克里米亚半岛和高加索及高山区。由落叶松、雪松、云杉、冷杉、橡树、黄檗、胡桃等组成的各种植物群落分布在园内各处，使植物园格外优美。在果园区、分类区、树木园和其他陈列区都有生动的植物景观。各区域之间通过笔直的林荫道进行分隔（图7–34～图7–36）。

明斯克植物园的科研特色是：进行植物区系和植被成分的研究，以及白俄罗斯中心地带的森林、草原和沼泽的植物群落研究；用引种植物新种和新类型的方法来丰富白俄罗斯的植物；植物园规划设计方面的研究；在广大居民与学生中进行文化教育和普及植物学知识等（图7–37～图7–41）。

7.2.3 基辅植物园（Ботанический сад в Киеве）

基辅植物园创建于1935年，占地235hm²（其中水域面积约1.25hm²），隶属乌克兰科学院。它位于第涅伯河畔小丘陵坡地上，依山傍水，风景如画。从植物园中心俯视，可望见清澈的第涅伯河、金色的沙滩、绿色的丛林与在丛林中的教堂式建筑熠熠闪光的尖顶交相辉映。基辅植物园前身曾是伊奥诺夫修道院庄园的一部分。十月革命之后，由乌克兰科学院院士格里希克（Н. Н.Гришко）及苏联建筑科学院院士弗拉索夫共同设计（图7–42～图7–45）。

图7–30 明斯克植物园内的休憩木亭

图7–31 明斯克植物园温室

7-32　明斯克植物园温室环路

7-33　明斯克植物园林中小景

-35　明斯克植物园林荫路

图 7-34　明斯克植物园白桦林荫道

图 7-36　明斯克植物园绿墙

图 7-37　明斯克植物园深秋

图 7-38　明斯克植物园园景

图 7-39　明斯克植物园温室区景观

图 7-40　明斯克植物园园中古老的藤木

图 7-41　明斯克植物园园中小径

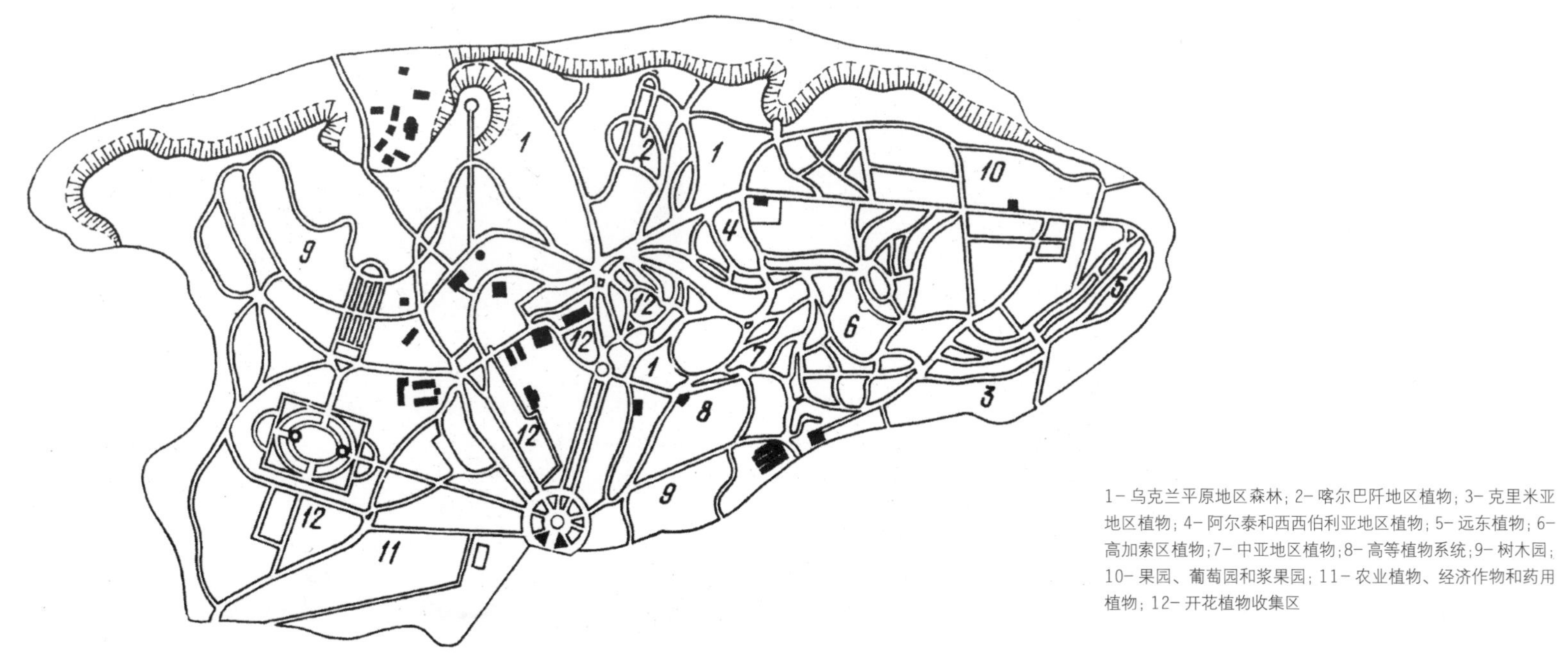

1- 乌克兰平原地区森林；2- 喀尔巴阡地区植物；3- 克里米亚地区植物；4- 阿尔泰和西西伯利亚地区植物；5- 远东植物；6- 高加索区植物；7- 中亚地区植物；8- 高等植物系统；9- 树木园；10- 果园、葡萄园和浆果园；11- 农业植物、经济作物和药用植物；12- 开花植物收集区

图 7-42　基辅植物园总平面图

图 7-43　基辅植物园全景

图 7-44　基辅植物园园中的纪念教堂

图 7-45　基辅植物园入口处台地

现在的基辅植物园从事大量的植物引种驯化工作和大量的科学研究工作。园内有 11 个科研部分和两个实验室，并注重研究珍稀危植物的保护工作。目前园内栽植约 2500 种乔灌木，10000 种草本植物，25000 种观赏植物，1000 种浆果植物，4000 种热带亚热带植物。植物园研究乌克兰地区的森林植被情况，和来自国内以及世界上约 700 多个植物园广泛进行种子交换联系。每年这里繁殖出 200 万株实生苗及幼苗出售，接待近百万游客参观。基辅植物园以蔷薇、菊、大丽花、唐菖蒲、兰科、仙人掌科、石竹科、乌克兰兰花为特色（图 7–46）。

基辅植物园的展区分为：植物地理区系、植物分类区系以及经济作物区系。地理区系中有 8 个部分：乌克兰平原地区的森林植被、乌克兰草原植被、喀尔巴阡山植被、克里米亚植被、高加索植被、阿尔泰和西伯利亚植被及远东地区植被。展区总面积达 $52hm^2$。植物分类部分是按植物分类的进化过程设置的，并引种有乌克兰地区的野生植物、木本植物及地表植物。在经济作物部分有观赏植物、多年生和一年生果树、药用植物、经济作物以及蔬菜等（图 7–47）。

园内主要建筑物有植物学大楼、博物馆、温室以及乌克兰、高加索、中亚、远东等地区的展览馆（地区性的博物馆）。在景观风貌上也表现出古代乌克兰田园风格和集体农庄风格。植物园在瀑布、岩洞、喷泉等的景观元素的点缀下显得格外美丽（图 7–48）。

此外，基辅植物园还专门建立了一个地方植物展区，展出乌克兰地区特有的植物以及本地区的珍稀危植物，显示出这个植物园鲜明的特色（图 7–49 ~图 7–51）。

图 7–46　基辅植物园冬景

图 7–47　基辅植物园岩石园

图 7–48　基辅植物园温室

图 7–49　基辅植物园装饰花坛

图 7–50　基辅植物园小景

图 7–51　基辅植物园园中的修剪绿篱

Весела Корівка
Весела Корівка
ЗАПРОШУЄ

8 动物园

Зоологические парки

8.1 动物园概况

苏联及俄罗斯的动物园的发展具有悠久的历史和良好的基础。早在 14 ~ 17 世纪就出现了被称为“宫中剧场”的王公贵族们的猎囿。1718 年彼得大帝在皇村建设了猎苑。1864 年建成历史上第一个真正意义上的城市动物园——莫斯科动物园。1865 年又建成彼得堡动物园。苏联时期，对上述著名的老公园进行了多次改扩建，同时又在各加盟共和国兴建了许多新的动物园。

俄罗斯动物园重视对参观路线的设计，通常按动物由低级向高级发展的进化论原则进行布局，此外兼顾选择的布局思路还有：按动物地理学原则，按动物受欢迎程度的普及性原则，按近似动物自然生存的环境条件来展示的生态学原则等。俄罗斯的动物园内通常都有完备的服务设施：报告厅、展览厅、动物学校、情报中心、图书馆、娱乐设施、儿童设施、餐饮设施、商业设施、医疗设施、运输设施等。此外，动物园内科学的功能分区保证了参观者的安静休息，在各区设计了多分支的林荫道网、小路、小径网以及设置在绿地中的舒适的凉亭和座椅。园中常常拥有大片的森林，它们为动物展示形成美丽背景的同时，保证了公园空气的清新。宁静优美的水系同样是俄罗斯动物园中不可缺少的部分，水池中常常设有美丽的小岛，岛上有水禽居住的小屋。由于水体本身的感染力，它在动物园的规划布局和空间结构上起着重要的作用——有效利用各种水体，如溪流、河道、湖泊等作为大型展览空间的边界，这既有功能效果，也起到了极重要的装饰作用。

8.2 动物园实例

8.2.1 莫斯科动物园（Зоопарк в Москве）

莫斯科动物园是俄罗斯的第一个动物园，始建于 1863 年，占地约 16.5hm^2，它坐落在莫斯科人口密集的闹市区，园区被城市道路分为两部分，周围高楼林立，公共交通发达便捷。莫斯科动物园在 1926 年迎来首次大规模扩建。1978 年，园中的动物有 2600 多个，世界各地的代表种类约 1000 种，其中约有 100 种珍稀动物。莫斯科动物园是俄罗斯一个大型的动物科学研究和教育机构，同时也是莫斯科居民和城市访客喜爱的游赏地。园内定期开展有目的、多形式的教育活动，在自然科学领域中传播知识，来促进公众增加对野生动植物的保护意识（图 8-1 ~图 8-5）。

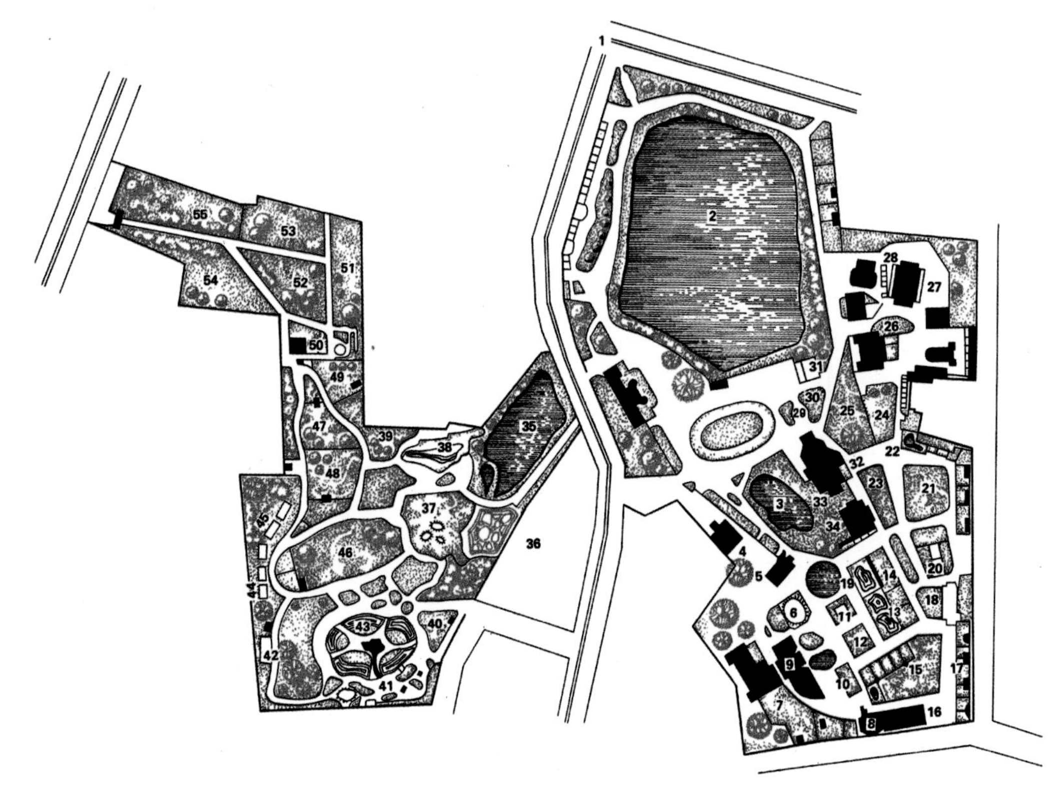

图 8-1　莫斯科动物园总平面图

1- 入口；2- 大水池；3- 天鹅池；4、5- 水獭、海狸、海象；6- 大角野山羊；7- 象房与河马房；8，10- 热带鸣禽；9- 水族馆；11- 鸥；12- 森林和草原动物；13- 水豚；14- 小蹄类；15- 鸵鸟；16- 鸵鸟房；17，20- 大蹄类；18 袋鼠；19- 示范养鱼池；21- 鹿、雉、孔雀；22- 熊、大山猫、狼獾、北极狐；23- 美洲鸵；24- 矮马；25- 羚羊、斑马；26- 备用牲畜圈；27- 狮子、豹；28- 供取毛皮的小兽；29、30- 灵长类；31- 夏季猴舍；32- 小浣熊狀狗；33- 猛禽；34- 非洲鸵鸟；35- 水池；36- 沼泽地；37- 原牛山；38- 极地世界；39- 北方鹿；40- 养龟场；41- 爬虫馆；42- 饲养室；43- 野兽岛；44- 兔舍；45- 毛皮贵重的野兽；46、47- 大鹿圈；48- 一般动物展览场地；49- 驼鹿；50- 昆虫饲养室；51 ~ 55- 备用牲畜圈

图 8-2　莫斯科动物园主入口

图 8-3　莫斯科动物园动物雕塑

图 8-4　莫斯科动物园一角（一）

图 8-5　莫斯科动物园一角（二）

动物园中最引人注目的展区是被称为“野兽岛”的建筑综合体，造型酷似陡峭的山峰，建造于 1924 ~ 1926 年，由建筑师吉皮乌斯（К.Гипиус）和自然科学家扎瓦茨基（М.Завадский）共同设计。这是一块用很多巨石堆起来的展区，把熊、老虎、狮子和其他大型捕食性的兽类围在其间，一条深水隔离壕沟四面环绕，把动物和访客隔开。参观者可从下沉式坑岸上观看这些野兽的活动。野兽岛的第二层和第三层划作动物饲养笼用地（图 8-6、图 8-7）。

图 8-6　莫斯科动物园“野兽岛”

由于地处市中心，莫斯科动物园的发展受到限制，20 世纪 70 年代相关部门曾经提出在莫斯科西南部建造一个占地达 184hm^2 的新动物园，计划容纳 1700 种，共计 13000 多只动物。新方案采用自然式布局，将动物布置在尽可能接近于自然的条件中，为参观者设置了专门的休息区及单独的儿童活动区。新动物园主要由两个区组成，主展览区以及在原有绿化地带基础上组建的散步休息区。考虑到公园规模较大，且所在地的位置距离市中心较远，因此创造了适合参观者作较长时间逗留的休息、餐饮等设施。方案为参观者制定了多种游览路线，如按进化系统、动物地理学、生态学及科普等的游线（图 8-8）。遗憾的是，由于受到财力限制，以及其他各种原因，该方案一直未能够付诸实施。

苏联解体后的 20 世纪 90 年代初，莫斯科新政府又决定开始对莫斯科动物园进行一般性的改造：对具有历史价值的建筑物和水池保存或部分重建；为动物和游客增加保护设施，隔离来自城市街道的噪声；把动物园相连的场所和建筑物扩充增加为动物园园区。改造工程持续多年，于 20 世纪末基本完工，期间俄罗斯著名雕塑大师采列捷利为莫斯科动物园创作了高 16m 的标志性主题雕塑《童话故事树》，雕像集中了众多童话故事中的形象，深受孩子们的喜爱（图 8-9 ~图 8-13）。

图 8-7　莫斯科动物园野兽岛内景

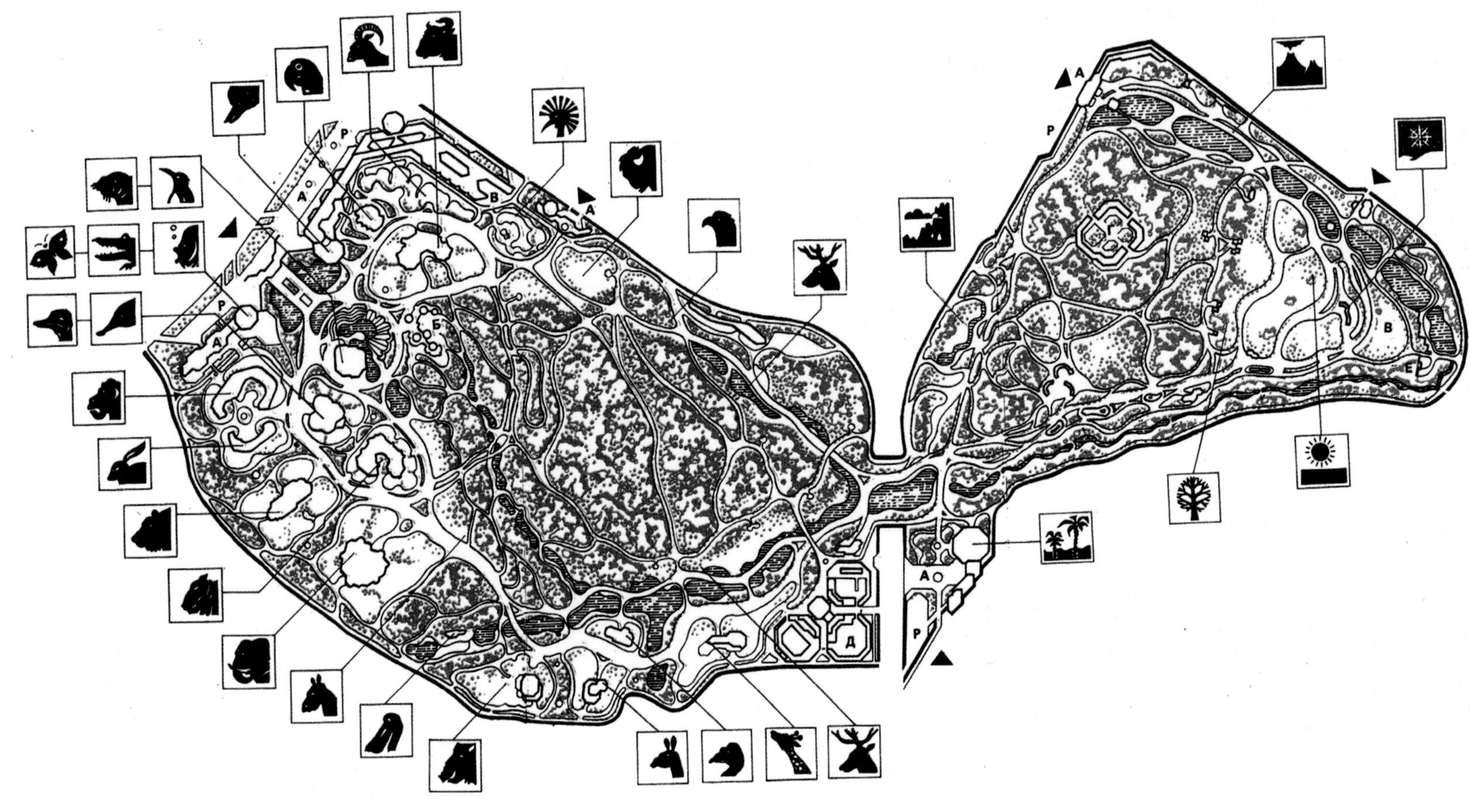

图 8-8　莫斯科新动物园规划图

图 8-9　莫斯科动物园水禽区

图 8-10　莫斯科动物园无障碍游览线

图 8-11　莫斯科动物园象房顶棚

图 8-13　莫斯科动物园《童话故事树》雕塑

图 8-12　莫斯科动物园中央水域

8.2.2 基辅动物园（Зоопарк в Киеве）

基辅动物园位于乌克兰首都基辅市区，占地面积 41hm²，始建于 1914 年，它一度是苏联规模最大的动物园。公园在规划设计时尽可能利用了场地的谷地和山丘等地形特征。总体规划构图是自然式的，但局部也有一些规则式设计。公园的谷地设置了池塘，其中安置有不同种类的水禽，同时还营造了美丽完整的水系，并具有一些轻巧的小桥，它们与出色的绿化种植，起伏的山丘一起形成引人入胜的风景（图 8-14 ~图 8-18）。

公园各展馆中，高 5.5m 的猴舍坐落在离主入口不远处，结合一片供猴类夏季活动的露天场地，并以壕沟及水面与游人隔开；鸣禽馆高 13m，是一个以钢筋混凝土为支柱的玻璃质的半球体，从下面打上来的光线增加了建筑物大厅的轻巧感。公园南部为水禽池，西部为猛兽岛。除了展品陈列馆外，在绿树丛中还布置了动物学博物馆、少年自然之家、演讲厅、电影院和带有跑马场的儿童活动区，以及其他建筑物（图 8-19 ~图 8-21）。

图 8-14 基辅动物园一角

图 8-15 基辅动物园长颈鹿区

图 8-16　基辅动物园卡通雕塑

图 8-17　基辅动物园水禽区

图 8-18　基辅动物园休息亭

图 8-19　基辅动物园鸟舍

图 8-21　基辅动物园吸引儿童的卡通雕塑

图 8-20　基辅动物园儿童区

9 儿童公园

Детские парки

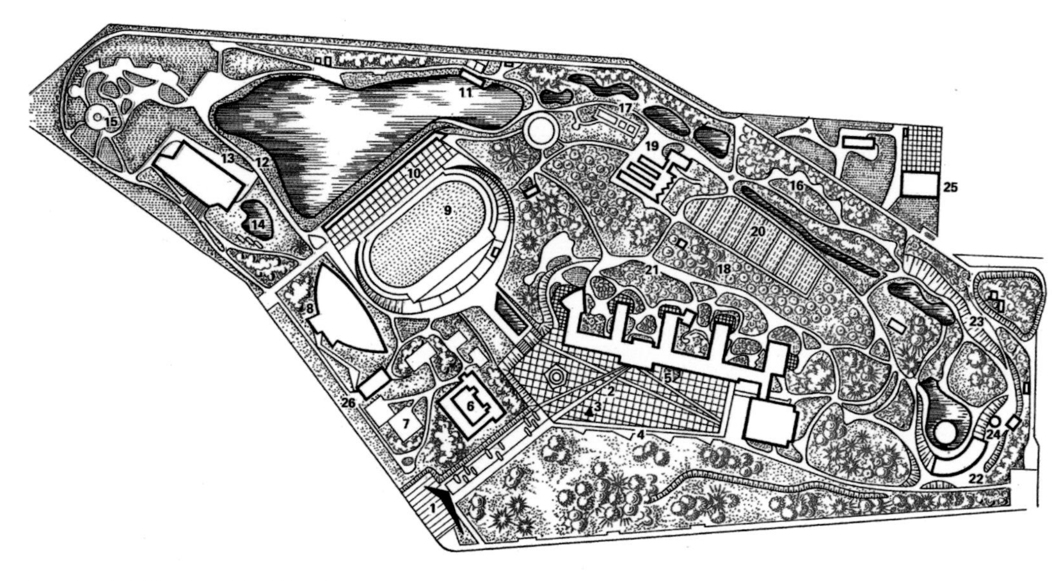

图 9-1　莫斯科少年宫公园总平面图

1- 主入口；2- 检阅广场；3- 萤火广场及旗杆；4- 演讲台；5- 少年宫建筑；6- 健身房；7- 运动场；8- 田径练习场；9- 大型体育场；10- 群众游戏场；11- 船坞码头；12- 浴场；13- 游泳馆；14- 涉水池；15- 游乐设备；16- 动物园；17- 养鱼池；18- 果园；19- 温室和动物学研究所；20- 蔬菜和其他培植区；21- 花卉栽培观赏区；22- 夏季剧院；23- 岩石园；24- 咖啡馆；25- 管理用房；26- 体育场地管理用房

9.1　儿童公园概况

儿童公园是俄罗斯现代园林景观中一种非常重要的园林类型，它根据儿童的智力和年龄段提供相应的具有良好的自然环境和设施的游憩场所。苏联时期的儿童公园有着鲜明的政治色彩，被认为是对正在成长的下一代进行教育措施的十分重要的途径。儿童公园提供了具备良好卫生条件的绿化用地，以此作为少年儿童课余时间进行游憩、娱乐、文化教育和体育运动的主要场所。当时，设立儿童公园的主要任务是：培养他们高度崇敬和热爱社会主义劳动的感情；发展体育运动，建立儿童运动小组或运动队，组织各项运动表演比赛；采取各种方式发展儿童的艺术爱好，如开展音乐、戏剧、美术等活动；扩大儿童的文化视野，发展他们的求知欲，使他们养成对书籍的热爱等。儿童公园是苏联普遍发展的，是正在成长的一代的共产主义教育机构的重要组成部分。

俄罗斯的儿童公园有两种形式，一是在单独规划的地块上独立建造，二是在既有的城市公园内形成专门的一个区。儿童公园的规划设计取决于它的性质，即规划中要充分考虑儿童的心理和生理特点，同时又要满足不同建筑物和服务设施的配置要求。一般规定儿童公园的绿化率需达到全园用地的60% ~ 70%，同时，在每个儿童公园里，为开展多种文化教育工作，还应确定必要的建筑物和设施名录。对于一个相对完整的儿童公园而言，必要的各类设施包括：体育场馆、游泳池、少年先锋队检阅广场及观礼台、萤火场地、剧场、动植物角、科技馆、阅览室、游乐设施等。在公园的色调和材质上，提倡用鲜艳的色彩点缀公园，如橙色、黄色、红色和绿色等，丰富的色彩可以促使儿童精神振奋，心情愉悦。主要的林荫道和广场的铺装场地一般采用简易的沙砾结合胶质的填充物，而游人多的地方可铺设自然石块或小块混凝土板路面（如通向游乐设施、水池、休息广场等地）。

苏联《绿化建设》一书提及儿童公园的规划原则时强调：沿公园周围，必须栽植稠密的乔木和灌木带，以避免灰尘、风及噪声；儿童公园地区不应被通道所截断，公园出入口应尽量减少；供未到学龄的儿童使用的地段，应利用稠密的花草树木与公园其他地方分隔开；绿化植物的种植应尽量丰富，不应栽植有毒有刺的植物。

9.2　儿童公园实例

莫斯科少年宫公园（Парк городского Дворца пионеров в Москве）

莫斯科少年宫公园建于 1962 年，占地面积约 30hm^2，由苏联建筑师波克罗夫斯基（И. Покровский），诺维科夫（Ф. Новиков）等领衔设计。这是一座多功能的设施齐全的综合性儿童公园，可进行各种培训活动及文化教育、娱乐和体育等活动。公园总体上分为三大区域，中心区域是入口林荫道引导下的少年宫主建筑结合带有大理石观礼台的少先队检阅广场；休息区域布置有体育场、田径运动馆和游泳池以及一些游乐设施；少年生物学家区域分布着花卉栽培观赏区、蔬菜培育区、温室、果园、动物园、养鱼池等。主体部分平面布局为庄重、严格的几何式设计。园内其他建筑物的布局与总体规划相协调。规划时尽量考虑了自然条件，并使绿地均匀分布，用自然式的散步林荫道和小路将这些绿地串联起来，取得了良好的效果（图9-1 ~图9-13）。

图9-2 莫斯科少年宫公园检阅广场

图9-3 莫斯科少年宫公园检阅广场上的草坪呈几何状切割

图 9-4　莫斯科少年宫公园检阅广场上举行活动

图 9-5　莫斯科少年宫公园主建筑及检阅广场

图 9-6　莫斯科少年宫公园水洗石贴面组成的五星火炬图案

图 9-7　莫斯科少年宫公园人工水池

图 9-8　人工水域

图 9-9　莫斯科少年宫公园建筑立面装饰着卡通图案

图 9-10　莫斯科少年宫公园少先队员雕像

图 9-11　莫斯科少年宫公园公园一角

图 9-12　莫斯科少年宫公园内的自然式风景

图 9-13　莫斯科少年宫公园自然式风景区域

10 校园景观

Парки учебных заведений

10.1 校园景观概况

截至 2001 年，俄罗斯共有高等院校 1018 所。俄罗斯的高等院校按规模、教育层次和专业范围可分为综合性大学、专科大学、专科学院三种类型。由于历史原因，综合性大学除了有集中的校区外，其各院系教学楼常常分散在城市各处；专科大学和专科学院则一般只有一处主校区。一些历史较为久远的大学的宿舍区常常远离主校区，另行规划。

在苏联和俄罗斯的许多大城市，学生总数对城市居民的构成具有显著影响（其占城市总人口的 3% ~ 5%）。高等院校在城市规划和建设中占据特殊地位，通常会选择在城市边缘或者近郊区划拨高校建设土地，便于综合布置各项设施，如教学楼、运动设施、实验室。一座城市中有多所高校的情况下，有时会将他们规划在同一区域形成大学城（塔什干、叶卡捷琳堡、第比利斯、埃里温和其他城市内均有此类大学城）。大学城中心地区规划成具有美学价值的、交通便利的区域，设置有广场和科学宫、宾馆、宿舍、图书馆、饭店、商店、公共服务中心等。

在俄罗斯，高校绿化设计考虑建筑风格及其周边环境，通常将主教学楼的前面分割成花园，对主入口作重点设计，装饰有花坛、喷泉和雕塑等（如莫斯科大学新校区，圣彼得堡国立技术大学校园等）。学院的各个建筑由最便捷的道路进行连接，入口设置规则式的小花园，装饰地砖、喷泉、雕塑和花坛。生活区布置在食堂附近，栽种大量树木对其进行隔离。

由于俄罗斯高等教育历史悠久，大部分的校园内设有历史纪念性景观，包含学者广场、纪念林荫道，以及具有历史意义的树木等。在重要建筑前的花园中将纪念区作为景观布局的中心，或者在树木之间划出纪念区，或者在公园不同地方设立一系列纪念标志物（如圣彼得堡林业技术大学校园等）。纪念区的绿化装饰与其他区域相区别，通常运用规则式园林布局手法。常用植物有松树、冷杉、刺柏、侧柏、针叶以及阔叶的垂枝型树种，如榆树等。并常以落叶树列植成整体的树阵，结合修剪绿篱配置。

校园规划按其专业类型的不同有着各自的特色。例如农林类院校在校园里一般建有试验基地，包括机械化操作坊、树木园、苗圃，还有教学场地、温室、露天花卉培育设施，此外还拥有景色优美的校园森林公园，为林学、园林、观赏园艺等专业提供教学实践环境。艺术类院校（戏剧、电影、建筑、美术等）除了主教学楼之外，有自己的艺术工坊，依据专业不同有马赛克工坊、雕塑工坊、装饰绘画工坊、摄影棚、小剧场等，这些有着浓厚的艺术气息的场馆设施被统一于一个校园公园系统。

俄罗斯高等院校的校园一般没有围墙和标志性的校门，室外部分完全向公众开放，在此基础上增加网球、排球、篮球、儿童活动区、安静休息区等场地，常常成为市民休闲的好场所。通常而言，俄罗斯高校的校园内，运动场地约占到校园总面积的 15% ~ 22%，教学建筑占 30% ~ 40%，专业实践场地占 5% ~ 10%，其余为绿地。

10.2 校园景观实例

莫斯科大学新校区（Комплекс Московского государственного университета им.М.В.Ломоносова）

莫斯科大学，全称莫斯科国立罗蒙诺夫大学，始建于 1755 年，原校址位于莫斯科市中心红场附近，新校区建成于 1953 年，它坐落在莫斯科市西南方的麻雀山（原名列宁山）的最高处。这是一处超大型校园建筑综合体，其主教学楼一度是欧洲最大的单体建筑，在莫斯科的任何地方几乎都能看到这座巨大的城堡式建筑物。莫斯科大学的校园观景台具有极佳的视野，可以俯瞰莫斯科市区全景（图 10-1 ~图 10-5）。

校区面积 300hm^2，采用规则式园林布局，设有主楼、各院系教学楼、体育综合体、植物园、果园、人造假山、休息区等。其中各类建筑物总占地面积为 9hm^2，道路广场面积 32hm^2，各类绿地（花园和植物园）面积约 215hm^2，水域面积 2hm^2，内部庭院及其他公共面积约 42hm^2（图 10-6 ~图 10-10）。

莫斯科大学主楼是莫斯科 7 座斯大林式建筑（号称七姐妹）之一，典型的中央集权式建筑，结合了巴洛克式城堡塔、中世纪欧洲哥特式与 20 世纪 30 年代美国摩天楼的特色。建筑的中心塔高 240m，共 39 层，周围

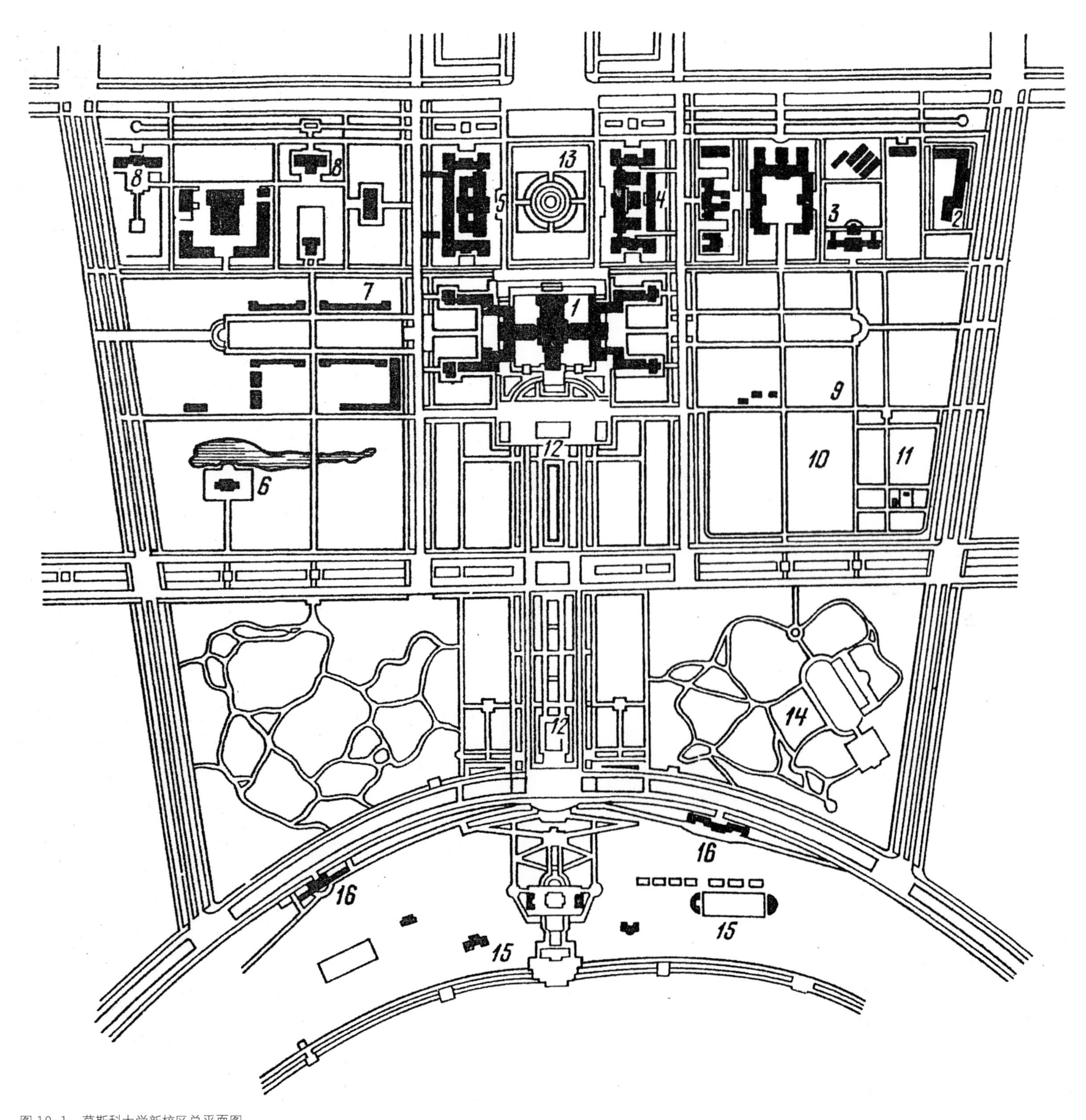

图 10-1　莫斯科大学新校区总平面图

1- 主楼；2- 力学系；3- 生物—土壤系；4- 化学系；5- 物理系；6- 天文系；7- 体育场；8- 经济大楼；9- 人工植被假山；10- 树木园；11- 果园；12- 主花坛；13- 带有罗蒙诺索夫雕像的街心公园；14- 休息公园；15- 列宁山公园；16- 观景台

图 10-3　莫斯科大学新校区纪念人物雕像

图 10-2　从麻雀山上远眺莫斯科大学新校区主楼

图 10-4　莫斯科大学新校区校园内的科学家雕像随处可见

图 10-5　莫斯科大学新校区图书馆

图 10-6　莫斯科大学新校区植物园（一）

图 10-7　莫斯科大学新校区植物园（二）

图 10-8　莫斯科大学新校区植物园（三）

图 10-9　莫斯科大学新校区校园深秋落叶

图 10-10　莫斯科大学新校区运动场

有 4 个楼翼。在主楼的景观轴线上规则布置着大尺度的绿地和水池，南侧花园有罗蒙诺索夫纪念像，后面是 200m × 100m 的草坪，草坪周边放置着多位俄罗斯科学家的半身像，修剪的树木形成背景绿墙（图 10–11 ~ 图 10–15）。

新校区绿化率高达 72%，体量庞大的绿化植被将整个校园融为一体，保证了校园整体景观成为莫斯科城市绿地系统，同时也是城市总体布局的重要组成部分。绿地中的各种乔灌木、花卉、草坪、果树被用于科研目的，它们同时也装饰着校区内的各座建筑物（图 10–16 ~图 10–18）。

图 10–11　莫斯科大学新校区主楼尖顶

图 10-12　莫斯科大学新校区主楼正立面

图 10-13　莫斯科大学新校区气势雄伟的主教学楼

图 10-14　莫斯科大学新校区钟楼

图 10-15　莫斯科大学新校区教学楼前的纪念雕塑

图 10-16　莫斯科大学新校区化学系楼前的雕塑

图 10-17　莫斯科大学新校区深秋

图 10-18　莫斯科大学新校区校园秋景

11 展览公园

Парки-выставки

图 11-1　莫斯科河畔的全俄农业展览会规划方案

11.1　展览公园概况

俄罗斯的展览公园实际上是一种大型展览综合体，其主要功能是用来展示艺术文化、工农业科技等成就，定期的展览馆注重展览功能 和建筑规划布局。

俄罗斯展览公园的历史始于 1923 年在莫斯科举办的全俄罗斯农业展览会。这座临时性的展览公园在建设之前进行了规划方案的全国竞赛，吸引了当时苏联最著名的设计师参与竞标，最终评委会选中了建筑师若尔托夫斯基（И. В. Жолтовский）的方案，并付诸实施。展览会场地位于莫斯科河畔靠近克里米亚大桥的一块宽阔的地块，规划方案为规则式布局，巨大的花坛占据了整个中心部分，两侧布置了展览馆和其他建筑物（图 11-1）。展览会的总体规划布局与周边的自然地形有机结合，向着莫斯科河缓缓下倾，自然地形影响了纵向与横向轴线的选定和主要展览馆的布置。展会结束后，这片场地被用于建造全苏联的第一座文化休息公园——高尔基公园（参见文化休息公园相关章节）。此后，苏联政府又在其各个加盟共和国建造了大量的大型综合性展览公园，这类公园其实具有多种实用功能，非展期时向普通市民免费开放，提供游憩场所。通常在展览公园中，展馆和服务性建筑约占总面积的 1/3，其余土地用作花坛和广场、林荫道、娱乐场地、草坪、树林等。

11.2　展览公园实例

全俄展览中心（Выставка достижений народного хозяйства России）

全俄展览中心位于莫斯科市区东北部，毗邻莫斯科总植物园和奥斯坦金诺公园，占地面积 $350hm^2$（图 11-2）。场地于 1935 年为举办全苏农业展览会而开工建设，1939 年对外开放，时称“全联盟农业展览馆”（简称 ВСХВ），当时每个加盟共和国在展区内建造了自己国家的展馆，既显示了独特的民族风格，又统一于建筑群的整体氛围中。1941 年因卫国战争爆发暂停使用。1957 年在这块用地上组建了与全苏农业展览会并行的全苏工业展览会，并开始扩大展品，对用地进行改造，在此基础上于 1959 年 6 月建成“全苏国民经济成就展览会”（简称 ВДНХ，莫斯科地铁依然使用这个名称命名车站）。为满足新的展示内容，展馆的建筑外观、结构和功能均有所转变；场馆划分为工业馆、航天馆、原子能馆、文化馆、教育馆等，极盛时每年有几十万人前来参观学习。俄罗斯联邦后改称全俄展览中心，展馆改造后以市场化的形式对外出租（图 11-3 ~图 11-6）。

全俄展览中心以规则式园林布局与周围的自然地形有机结合。公园主入口大门的顶部矗立着穆希娜（В. N. Мухина）的著名雕塑作品《工人与集体农庄女庄员》（图 11-7、图 11-8）。入口内的广场和草坪形成巨大的开敞空间，提供人流集散场所（图 11-9）。规则式布局设有明显的中轴线，并贯穿全园，重要的展览建筑（俄罗斯馆、乌克兰馆和航天馆等）、花坛和喷泉（民族团结喷泉、宝石花喷泉等）位于轴线上，其他展馆分布在轴线两侧，外围还有部分零散的场馆。公园内部设施完善，设有露天展览广场，以提供大型室外活动场地；新建文化娱乐设施、日常服务的商用建筑等，使展览中心成为一座深受市民喜爱的游憩公园（图 11-10 ~图 11-18）。

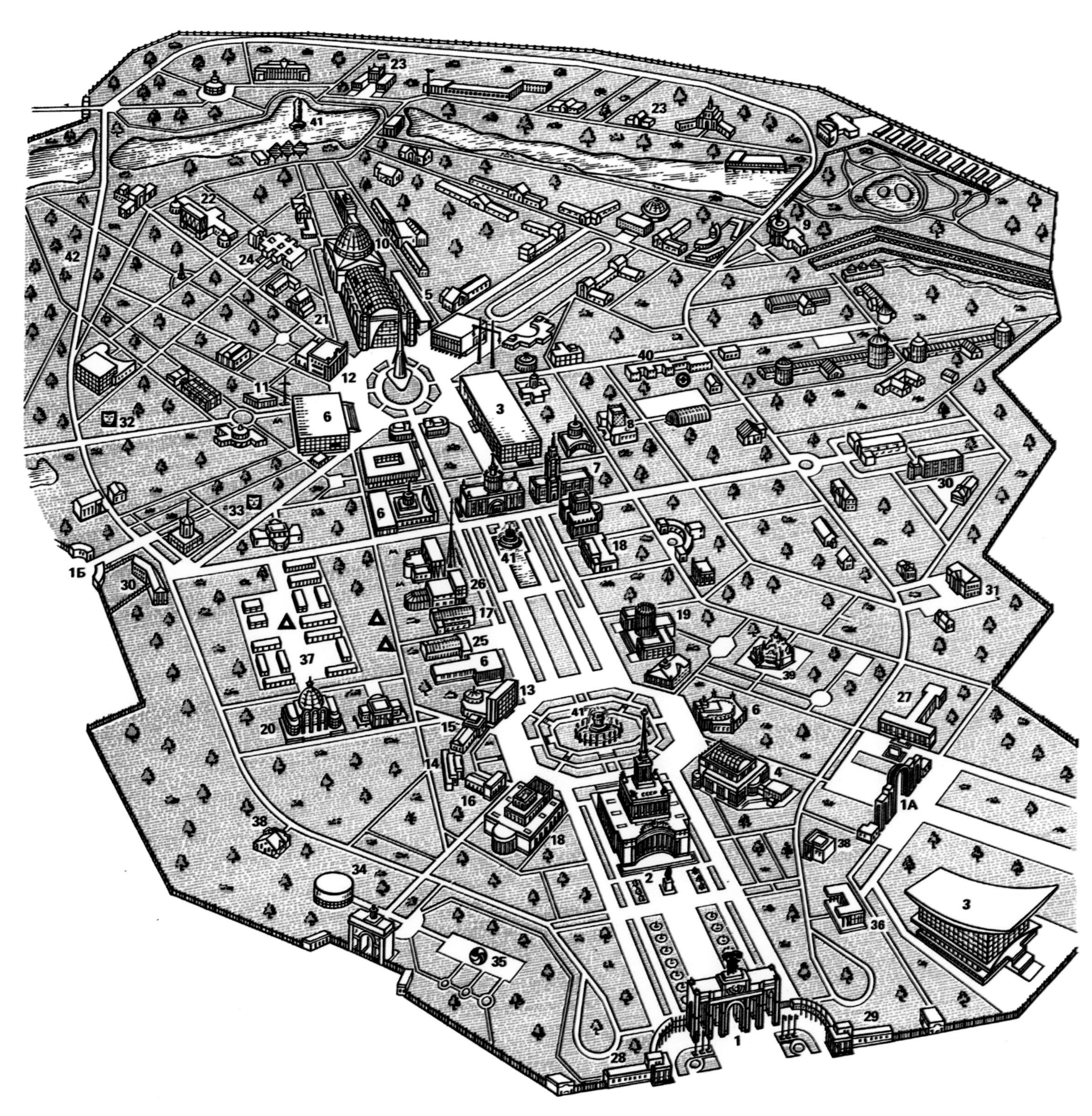

图 11-2　全俄展览中心总图布局图

1- 主入口；1A- 北入口；1Б- 管理入口；2- 中心陈列馆；3- 各部门专题展览馆；4- 原子能馆；5- 宇宙馆；6- 工业馆；7- 农业馆；8- 自然保护馆；9- 狩猎馆；10- 机械制造馆；11- 造船馆；12- 运输馆；13- 标准馆；14- 物理馆；15- 化学馆；16- 生物馆；17- 保健馆；18- 国民教育馆；19- 苏联文化馆；20- 少年自然技术馆；21- 地质馆；22- 劳动与休息馆；23- 土壤与水利馆；24- 花卉栽培与绿化馆；25- 温室；26- 冬季花园；27- 管理用房；28- 游览中心；29- 国外部分；30- 图书馆；31- 文化之家；32- 绿化剧场；33- 露天舞台剧场；34- 全景电影院；35- 游乐场；36- 宣传机关；37- 集市；38- 商业陈列馆；39- 咖啡馆；40- 门诊部；41- 喷泉；42- 休息区

图 11-3　全俄展览中心民族团结喷泉

图 11-4　全俄展览中心宝石花喷泉前的大型草坪

图 11-5　全俄展览中心亚美尼亚馆

图 11-6　全俄展览中心民族团结喷泉及其身后的俄罗斯馆

图 11-7　全俄展览中心主入口

图 11-8　全俄展览中心主入口顶部的工人与集体农庄女庄员雕像

图 11-9　全俄展览中心大型装饰花坛

图 11-10　全俄展览中心俄罗斯馆

图 11-11　全俄展览中心卡累利阿馆

图 11-14　全俄展览中心宝石花喷泉近景

图 11-12　全俄展览中心民族团结喷泉近景

图 11-13　全俄展览中心某展馆内部

图 11-15　全俄展览中心内的绿地

图 11-16　全俄展览中心入口处的花境

图 11-17　全俄展览中心亚美尼亚馆近景

图 11-18　全俄展览中心中轴线两侧的大型绿地

12 城市绿地系统

Система городских зеленых насаждений

12.1 苏联及俄罗斯城市绿地系统的特点和基本模式

十月革命后，苏联在城市规划和建设中很注意发展园林和城市绿化，园林建设日新月异，城市绿地面积迅速增加，并改变了过去绿地分布不均的状况。1935 年制定的莫斯科城市改建总体规划中规划有完整的绿地系统。此后其他城市的总体规划中，也都有绿地系统规划。苏联 1959 年制定了城市规划及建设的规范和定额，其中按气候带和城市大小规定了每人公共绿地的定额、各种类型园林绿地的定额、用地比例、服务半径、设施内容和面积，使园林绿地在城市中均匀分布和合理配置，对城市居民的生产、生活和休息活动起了积极作用。

在苏联学者编制的城市绿地系统规划的基本模式中，比较有代表性的首先是巴拉诺夫（Н. В. Баранов）的近期城市规划结构方案（图 12–1），他将城市绿地系统处理成一系列延伸的绿地，又通过绿廊将其联系成一个统一的系统。与巴拉诺夫模式相类似的是《城市绿地规划》一书的作者克鲁格良科夫（Ю. Г. Кругляков）的规划方案，该模式以林荫道联结的区域公园网络为基底，建立起整个城市的绿地系统（图 12–2）。莫斯科建筑设计学院教授巴尔西（М. О. Барщ）、尼古拉耶夫（И. С. Николаева）和波良科夫（Н. Х. Поляков）领导的团队制定了小城市绿地系统规划的基本模式，其特点是由楔形绿地同城市中心的大片绿地呈十字形交叉，贯穿整个城市（图 12–3）。

特别值得一提的是苏联著名城市绿化学者，《绿化建设》和《世界公园》两部专著的作者伦茨（Л. Б. Лунц），在前人的基础上通过分析总结，提出的大城市和中等城市绿地系统规划的基本模式（图 12–4）。伦茨提出，城市由一定数量的工业区和居住区构成，工业区由绿化防护林带与居住区隔开，沿着绿化隔离带应建造一定规模的绿带以及与居住小区联结的林荫道。在居住小区的中心设置花园，并在其一定的半径范围内设置区级公园和儿童公园。市级的城市中心公园、中央体育公园和大型专类公园宜布置在水边，并适当靠近居住区中心。城市近郊的森林公园带可作为市内绿地系统的补充，可在其中设置群众休息区、疗养院、青少年夏令营等休闲设施。该模式使城市各区的公共绿地分布均匀而饱和，可以保障居民正常便捷地到达

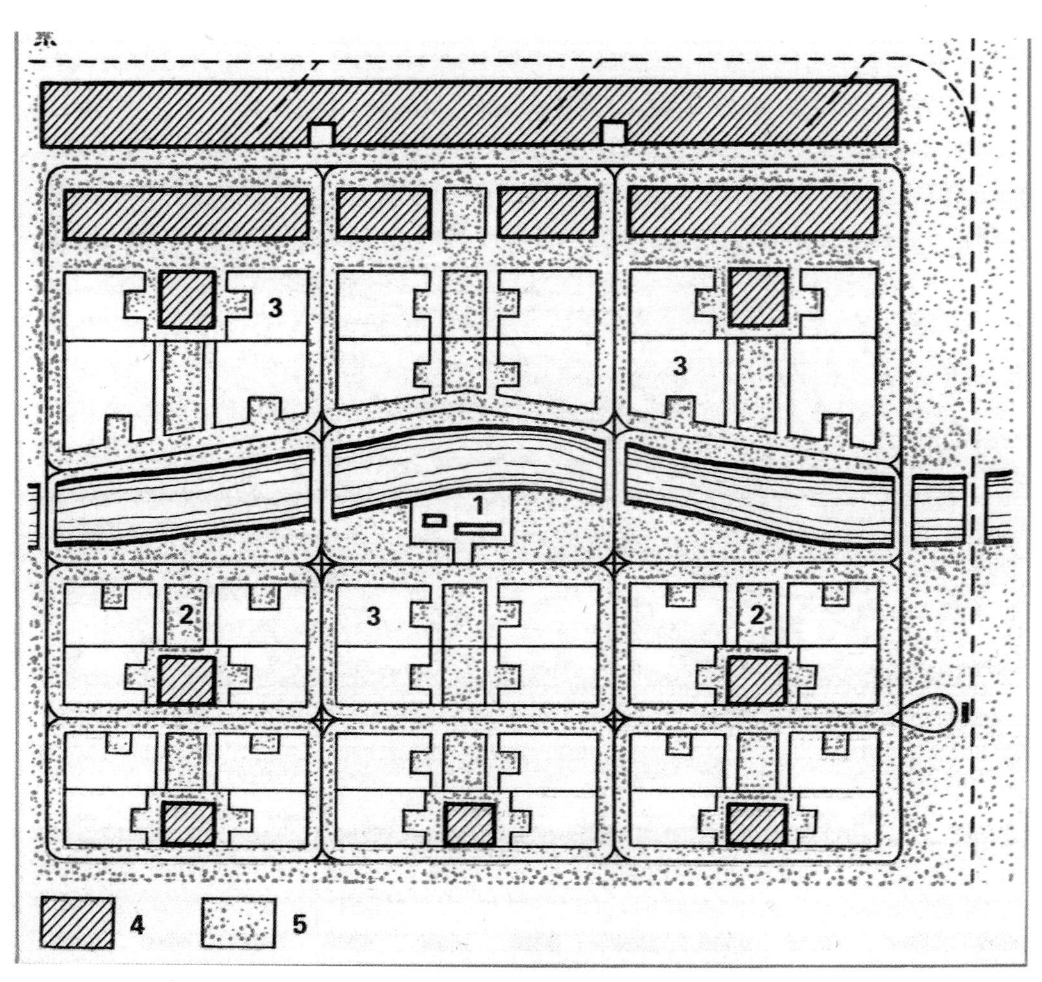

图 12–1　巴拉诺夫的近期城市规划结构方案
1– 城市中心；2– 居住中心；3– 居住小区中心；4– 工业区；5– 绿地

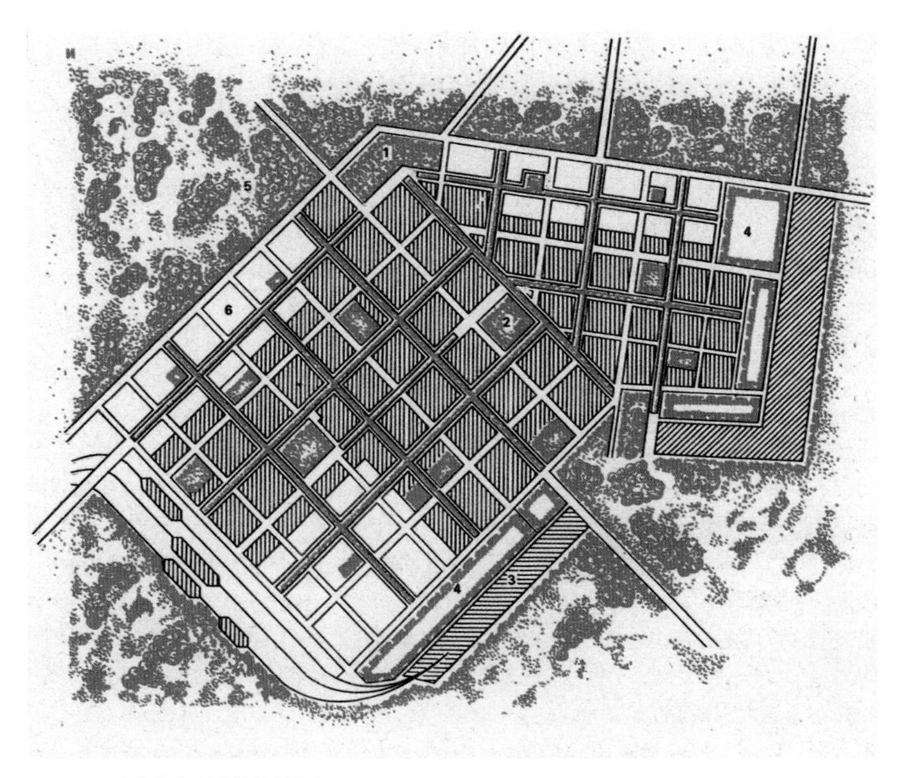

图 12-2　克鲁格良科夫的规划方案
1- 中央文化休息公园；2- 区公园；3- 工业园；4- 防护带；5- 城郊公园；6- 林荫道和街心公园

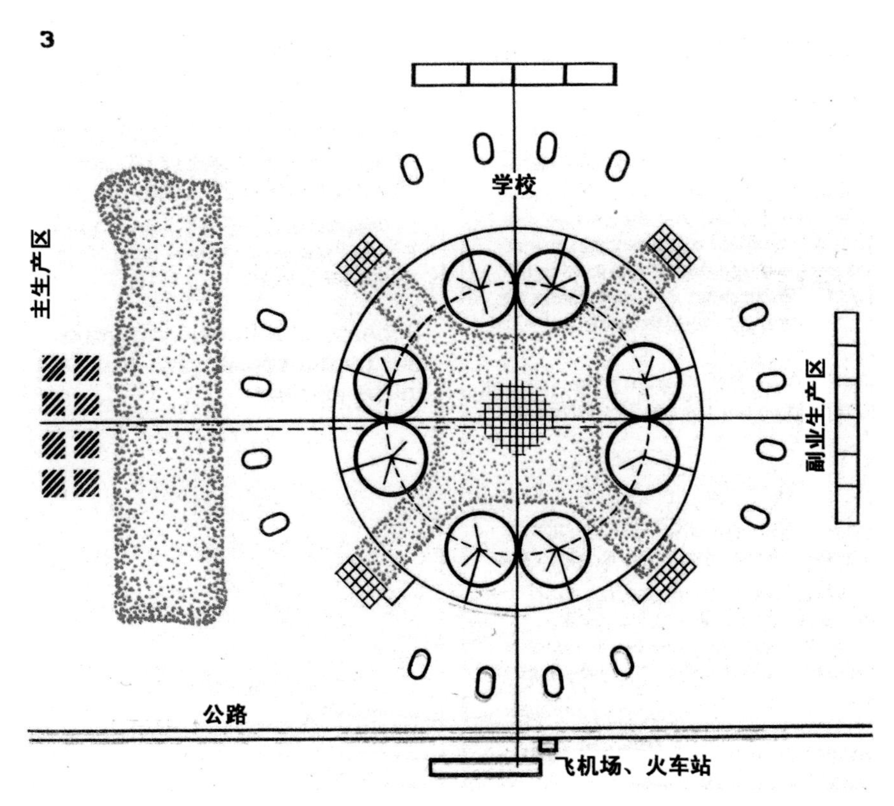

图 12-3　巴尔西、尼古拉耶夫和波良科夫领导的团队制定的小城市绿地系统规划的基本模式

各类型绿地，并使交通干道和居住区同工业区保持有效的隔离，且相当灵活，可以在多种规划情况下套用，因而受到当时苏联城市规划学界的重视。

12.2　苏联及俄罗斯主要城市的绿地系统概况

12.2.1　莫斯科（Москва）

莫斯科是苏联及俄罗斯联邦的首都及政治、经济、文化、金融和交通中心，世界著名的历史文化名城，人口约 1200 万。

根据 2005 年出版的《城市的绿色大自然》一书提供的数据，现今莫斯科城市总体绿化面积约 34000hm^2，其中城市开放式公共绿地面积约 14200hm^2，而这一数据在十月革命前的 1913 年仅为 830hm^2。专用绿地面积约 20000hm^2（其中包括儿童及医疗机构、居住区及工业区的绿化等）。莫斯科城市人均公共绿地面积约 50m^2（其中城市中心区人均绿地面积约 1.5 ~ 2m^2）。

莫斯科现有 26 个大型市级城市公园（其中包括 9 个专类公园），11 个森林公园，58 个区级公园（其中包括 21 个儿童公园），14 个花园，超过 700 个街心公园以及 100 多条城市林荫道。莫斯科近郊环绕着一条总规模达 172500hm^2 的森林公园保护带（其中的 106000hm^2 为天然森林和草地）（图 12-5）。

十月革命前，莫斯科保存有大量的沙俄时期历史园林，如库斯科沃、库兹明斯克、科洛缅斯基、列福尔托沃、奥斯坦金诺、伊斯梅洛沃、索科尔尼基等，它们都是俄罗斯传统园林史上的重要艺术作品。二战前，莫斯科就已建成高尔基中央文化休息公园等 5 个大型城市公园群。战后兴建的大型公园绿地有：友谊公园、胜利公园、苏维埃政权建立 50 周年纪念公园、十月革命胜利 60 周年

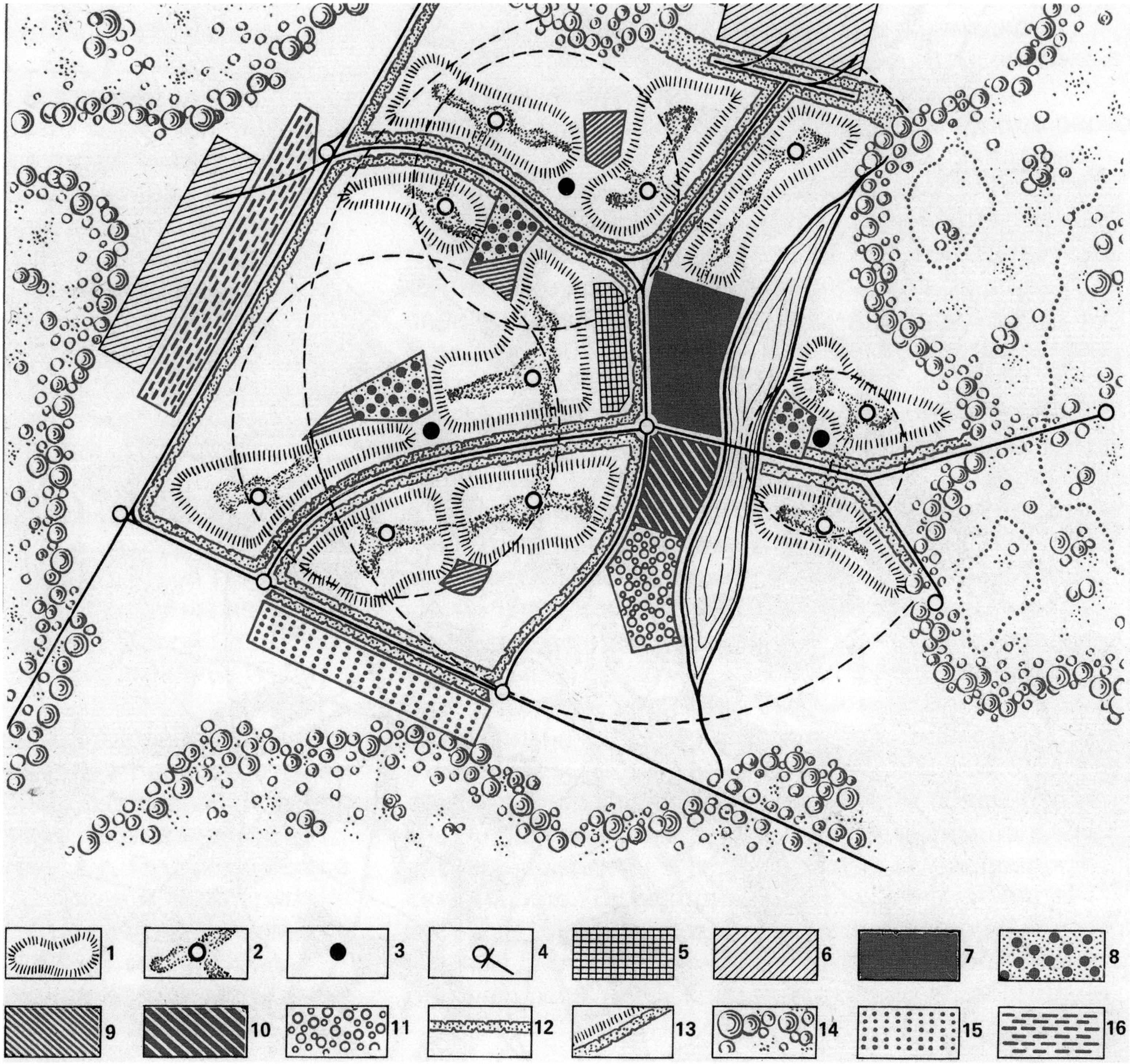

图 12-4 伦茨提出的大城市和中等城市绿地系统规划的基本模式

1- 小区界线；2- 建有花园的小区中心；3- 区中心；4- 铁路和汽车干道；5- 全城中心；6- 工业区；7- 中央文化休息公园；8- 区公园；9- 儿童公园；10- 中央体育公园；11- 专类公园；12- 防护绿地；13- 林荫道；14- 森林公园带；15- 苗圃；16- 工业企业防护带

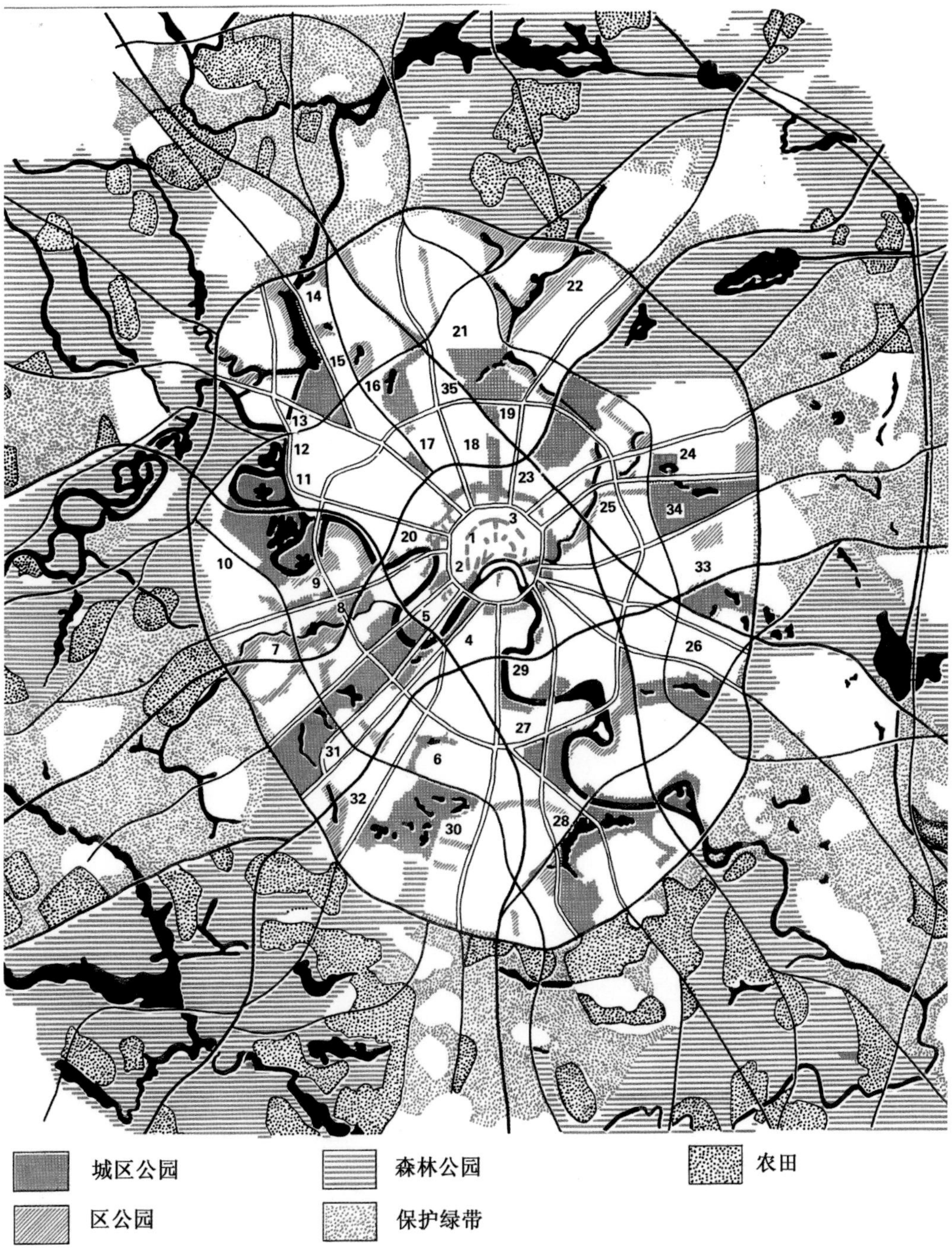

图 12-5　莫斯科城市绿地系统

1- 亚历山大花园；2- 莫斯科贮水池旁小游园；3- 花园林荫环道；4- 高尔基公园；5- 卢日尼基体育公园；6- 麻雀山；7- 谢图恩河沿岸公园；8- 帕克隆山胜利公园；9- 菲力 - 昆采夫公园；10- 克雷拉兹克体育公园；11- 银松林；12- 斯特洛吉斯克水上公园；13- 帕克罗夫斯克 - 斯特列什涅沃公园；14- 西姆金水库旁公园；15- 友谊公园；16- 季米里亚捷夫农学院公园；17- 迪纳摩体育公园；18- 玛丽娜丛林；19- 全俄农展馆公园；20- 克拉斯诺普列斯涅文化休息公园；21- 莫斯科总植物园；22- 亚伍兹河沿岸公园；23- 索科尔尼克文化休息公园；24- 体育学院公园；25- 列法尔托夫公园；26- 库兹明克公园；27- 科洛缅斯基公园；28- 查理金诺；29- 纳干京体育公园；30- 莫斯科新动物园（未实施）；31- 世界博览会用地（未实施）；32- 沃龙措夫公园；33- 库斯科沃庄园；34- 伊兹迈伊洛夫文化休息公园；35- 捷尔任斯基文化休息公园

纪念公园等。此外还在原奥斯坦金诺公园基础上建立了俄罗斯科学院莫斯科总植物园，在库兹明斯克基础上建立了森林公园，并以城市东北郊的大片原始森林为基础，规划建造了总面积达 11000 多公顷的驼鹿岛国家自然公园。

十月革命后，莫斯科城市公园网络的发展分为两个大的方向：①开发利用新的绿化用地，例如高尔基中央文化休息公园就是利用垃圾填埋场和废弃地而建立的；十月革命胜利 60 周年纪念公园、莫斯科大学新校园、卢日尼基体育公园等也都是在麻雀山上设施简陋、垃圾成堆的荒地上建造的。②在绿化基础较好的现有绿地上发展起来的，如莫斯科总植物园、驼鹿岛国家自然公园等。

1971 年的新一轮城市总体规划对莫斯科绿地系统规划又进行了新的说明，包括建立完善的绿地布局和发展广阔的绿化系统，使自然与人更加亲近，把莫斯科郊区绿地和市区绿地连接起来等措施。按照其规划方案，明确了两条贯穿城市的绿轴：第一条绿轴经过莫斯科的西南区，包括莫斯科大学新校区、列宁山绿地、高尔基公园、莫斯科河沿岸及亚乌扎河沿岸的新建绿地，直到驼鹿岛国家自然公园结束。第二条绿轴从银松林开始，包括克雷拉特斯基、菲力地区的莫斯科河滩部分昆采夫，然后经过克拉斯诺普列斯涅斯基公园直到列宁公园结束。

莫斯科河与亚乌扎河沿岸绿地系统的发展，以及由森林公园和公园所构成的大型楔形绿地的扩展构成了一个最佳的系统，该系统确保了居民的休闲活动，向城市输送新鲜空气，并完善了整个城市区域的景观面貌。根据莫斯科总规划科研所的估算，莫斯科环城公路范围内的各类绿地面积远期将达到 45000hm^2，人均绿地面积达到 60m^2，届时每个城市居民能享有 37m^2 的公共绿地。此外，根据莫斯科发展总体规划运输联合分会的规划方案，预计到 2010 年除环城公路范围内的城市外，将建成一个包括大约 235000hm^2 森林公园保护带在内的大莫斯科城，以此发展城区以外的绿地系统，改善整个城市的生态环境。

1999 年批准的《2020 年莫斯科城市总体规划》更着重对自然综合体的保护与发展进行了详细的规划，将自然、生态、历史、文化、景观、交通等综合为一体。利用自然综合体在城市中建立能广泛连接单块绿地的绿化分支系统，恢复和重建河流、谷地及其他被破坏的自然用地；建立休闲和环境保护绿地，形成连续的绿化走廊。

12.2.2 莫斯科绿城（Зеленоград）

绿城是莫斯科的一个卫星城，距离莫斯科市中心约 40km，城市周边有森林、河流和铁路。绿城建设始于 1959 年，初期计划安置人口为 6 万人，但城市规划在实施初期就进行了调整，明确绿城的控制人口上限为 8 ~ 10 万人。20 世纪 60 年代中期，随着城市人口的不断膨胀，城市内的公寓楼层高也不断刷新，从最初的平均 5 ~ 9 层，后又增加到平均 12 ~ 16 层。1982 年，绿城的实际居住人口已达到 13 万人。

绿城的城市绿化覆盖率为 50%，这一数据是相关标准规范规定指标的 2 倍多，大约每个居民可以享受 100m^2 的绿地。在城市及周边，超过 900hm^2 的混交林被打造为美丽的公园。城市按照制定的规划快速发展，配套绿化设施的建设也同步开展，绿地系统以及高度完善的公共设施将楼房及各类建筑物结合成一个整体，形成一个花园城市（图 12-6）。

绿城拥有非常好的居住条件，这不仅得益于城市周边良好的自然环境（美丽的森林和水体），也源于组织城市用地的科学方法。绿城的各类服务设施分布均匀，离居住地很近，城市中的工厂均为无害化工厂。

绿城相对来说面积不大，布局紧凑，针对城市与自然环境协调发展在城市建设过程中开展了一系列研究。研究人员的建议被应用到实践中。这里的绿地不仅仅被保存下来，更形成了一个新的公园系统，城市中的树种也得到增加。城市中心水体周围形成了美丽的大众休憩场所，这对于建造一个健康的自然环境起到了实质的影响。此外，通过绿廊将各类居住区绿地及城市周围的森林公园联系到一起。

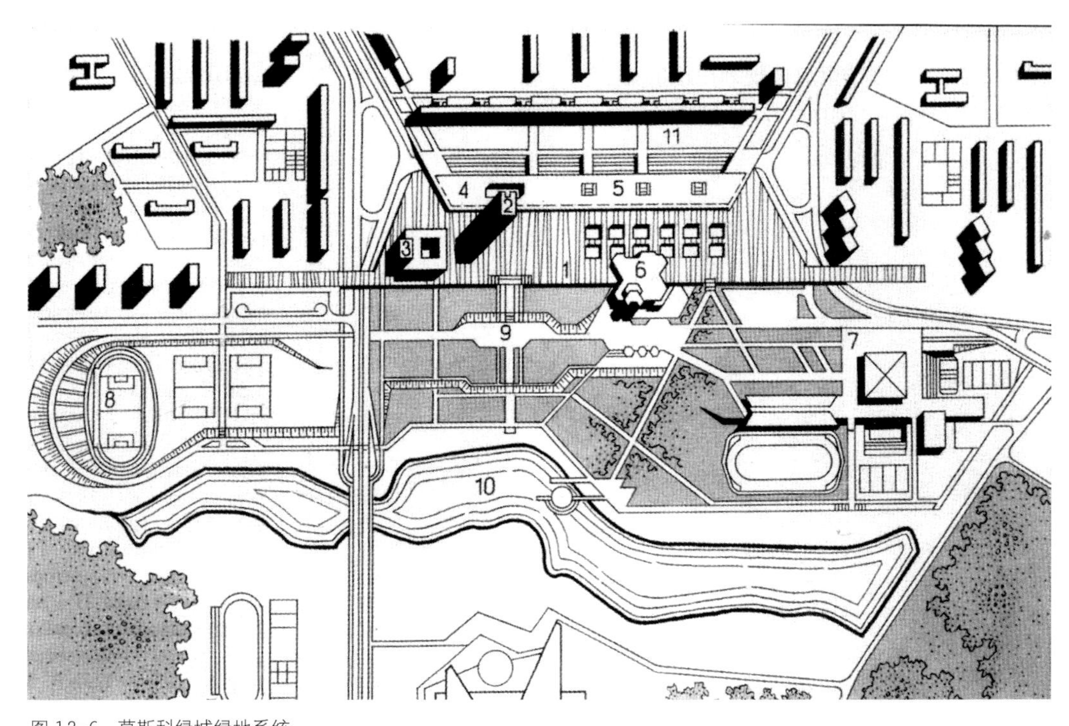

图 12-6 莫斯科绿城绿地系统
1- 城市主广场；2- 旅馆；3- 行政大楼；4- 通信房；5- 商贸中心；6- 文化宫；7- 体育综合体；8- 体育场；9- 中央公园；10- 人工水系；11- 住宅

12.2.3 圣彼得堡（Санкт–петербург）

圣彼得堡（苏联时称“列宁格勒”）是苏联及俄罗斯第二大城市，沙俄时期首都，世界著名的历史文化名城和旅游城市，也是世界上绿化最好的城市之一，人口约 500 万。

1917 年列宁格勒城区共有公共绿地 1030hm^2，其中包含 54 个公园和花园。1933 年起，学校、工厂、居住区等的绿化建设开始发展。到 1940 年，共扩建绿地 700hm^2，其中包括在叶拉金岛上建造的基洛夫文化休息公园。

卫国战争及列宁格勒保卫战期间，城市绿化遭受极大的灾难，约有 10 万余棵林木被毁，市区和郊区约 400hm^2 绿地遭到毁灭性的破坏，历史园林彼得宫和巴甫洛夫园损失惨重，还有 4.8hm^2 的育林苗圃的温室设施被摧毁。战后城市绿化的恢复重建工作开展十分迅速，不仅众多的历史园林得以成功修复，还新建了大量的城市绿地，从历史悠久的城市中心区，到新开发的街道、广场乃至荒地，新建的绿地几乎遍布整个城市，其中包括著名的莫斯科胜利公园和海滨胜利公园。新建绿化工程量达到 500 万 m^3 土方，超过 10 万余棵乔木和 30 万株灌木。到 1972 年，城市绿化面积达到 21080hm^2；而到 2005 年，这一数据已增长到 26000hm^2。

圣彼得堡郊区拥有 19 个大型公园和森林公园，总面积达 148000hm^2，还在城市外围建造了 200km 长的“光荣”防护绿带（图 12-7）。根据城市总体规划提出的相应指标，圣彼得堡市人均公共绿地面积应不低于 $24m^2$。

12.2.4 叶卡捷琳堡（Екатеринбург）

叶卡捷琳堡（苏联时期称“斯维尔德洛夫斯克”）始建于 1723 年，以女皇叶卡捷琳娜一世的名字命名，是斯维尔德洛夫斯克地区的中心，也是乌拉尔和俄罗斯联邦重要工业、交通、贸易、科学、文化和行政中心。该市坐落于乌拉尔山脉东麓，伊谢季河畔，位于俄罗斯首都莫斯科以东 1667km，面积 $4900hm^2$，人口约 138 万（2012 年）。叶卡捷琳堡是俄罗斯首批重工业城市之一，城市呈典型的规则式布局，这一原则曾广泛运用于苏联重工业城市规划中。由于地处欧亚两大洲交界处，优越的地理位置使得城市发展非常迅速。

完善的城市绿地系统确保了健康的城市生态。城市公园以及环绕城市的森林公园带总面积达 $22000hm^2$，使得叶卡捷琳堡人均公共绿地面积达到 $31m^2$，这一数据不包括各类附属绿地。由伊谢季河以及遍布城市的各个公园、街心花园、林荫路等构成的覆盖整个城市的大面积的楔形绿地如同绿色走廊，它们可以确保新鲜空气的流通并将其从城市外围的森林输送到城市里（图 12-8）。

叶卡捷琳堡城市绿化发达，城区拥有 23 处大型绿地，包括 13 座公园，总面积 $12000hm^2$。俄罗斯科学院乌拉尔分院附属植物园、乌拉尔林业技术学院植物园内种植着来自世界各地的珍稀植物。马雅可夫斯基中央文化休息公园是全市最大的综合性公园，面积 130 多公顷，它融儿童公园、体育公园、纪念公园以及树木园等多重功能于一体，同时也是沿伊谢季河的重要绿轴。

叶卡捷琳堡城市总体规划及建筑空间结构布局的特色在于，在确保了重工业城市建

图 12-7　圣彼得堡城市绿地系统

1- 海滨胜利公园；2- 捷尔任斯基花园；3- 涅瓦河右岸绿地系统；4- 马克思花园；5- 列宁广场绿地；6- 斯莫尔尼宫绿地；7- 塔夫里切斯基花园；8- 涅瓦河左岸绿地系统；9- 奥斯特洛夫斯基广场及小游园；10- 喀山教堂前小游园；11- 历史中心区绿地；12- 瓦西里岛绿地；13- 共青团 30 周年花园；14- 基洛夫广场小游园及“一·九”花园；15- 格力博耶朵夫花园；16- 莫斯科胜利公园；17- 巴布什金花园；18-“斯巴达克”花园

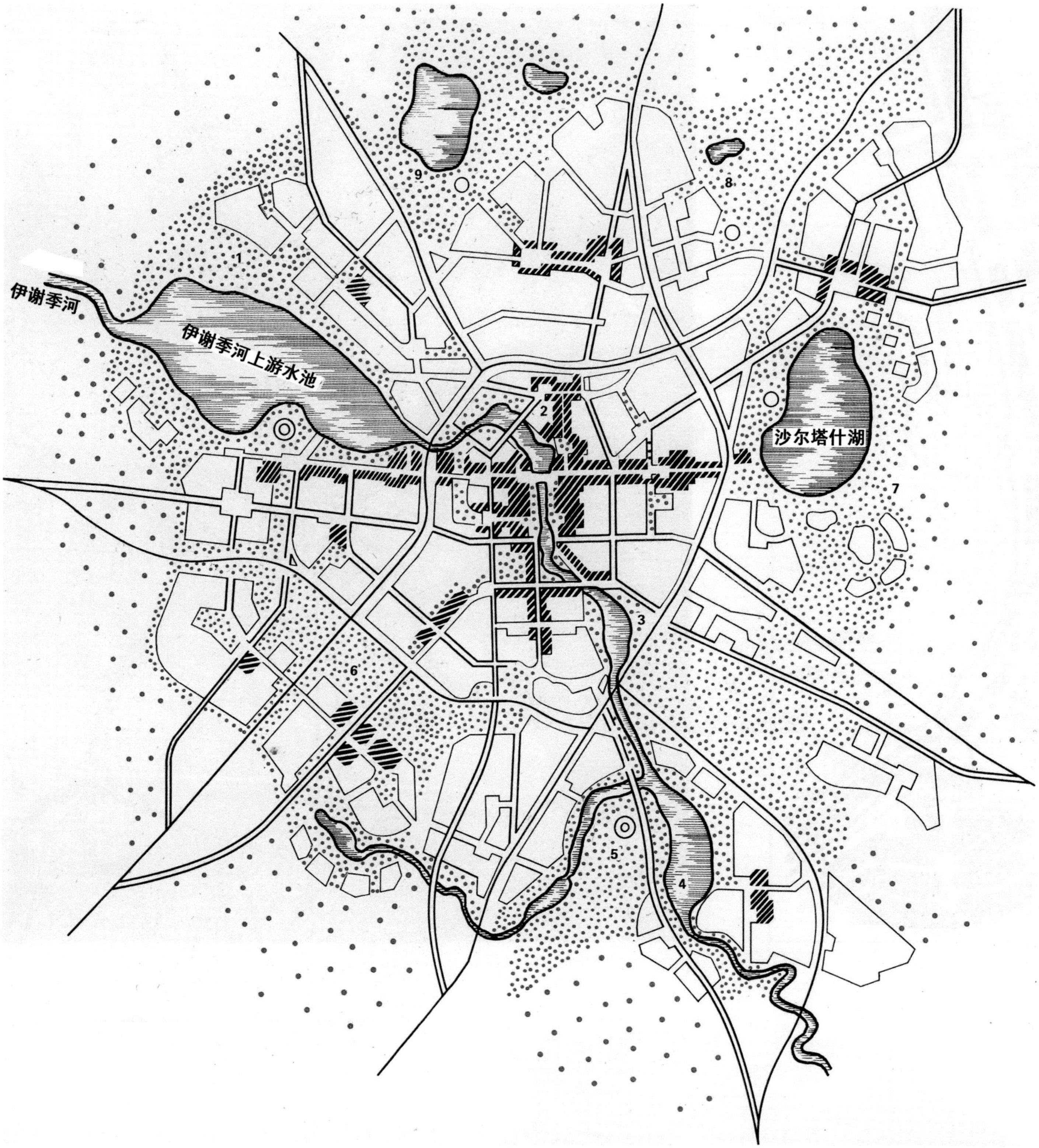

图 12-8　叶卡捷琳堡城市绿地系统

1- 奥布罗申斯基森林公园；2- 市内水池；3- 玛雅可夫斯基文化休息公园；4- 下伊谢斯基水池；5- 乌克图斯基森林公园；6- 西南森林公园；7- 沙尔塔斯基森林公园；8- 俄罗斯林学家公园；9- 舒瓦金斯基公园

筑布局的同时，通过科学合理的绿地布局将美丽的自然风景引入到城市当中。

12.2.5 普斯科夫（Псков）

普斯科夫是俄罗斯西北部的一个古城，位于圣彼得堡西南约250km处。现有约20.7万（1995）居民，是普斯科夫州的首府。城市始建于公元7世纪，俄罗斯的很多历史事件都和普斯科夫老城区的要塞（克里姆林宫）有关。卫国战争期间，城市遭到严重损害。战后普斯科夫成为苏联第一批15个需要首先修复的重要城市之一。城市现存12～17世纪的建筑古迹超过120处。毗邻城市坐落着著名的普希金山和普斯科夫—佩乔尔修道院。

城市现人均公共绿地面积约$14m^2$，这些绿地主要分布在老城区。普斯科夫城市绿化的缺点是绿地分布很不均匀，且缺少大面积的天然林地（图12-9）。

12.2.6 基辅（Киев）

基辅，苏联加盟共和国乌克兰首都，苏联第三大城市，地处乌克兰中北部，第聂伯河（р.Днепр）中游两岸及其最大支流普里皮亚季河与杰斯纳河汇合处附近。基辅是乌克兰经济、文化、政治中心，面积$777km^2$，人口约260万，是世界著名的“花园城市”。

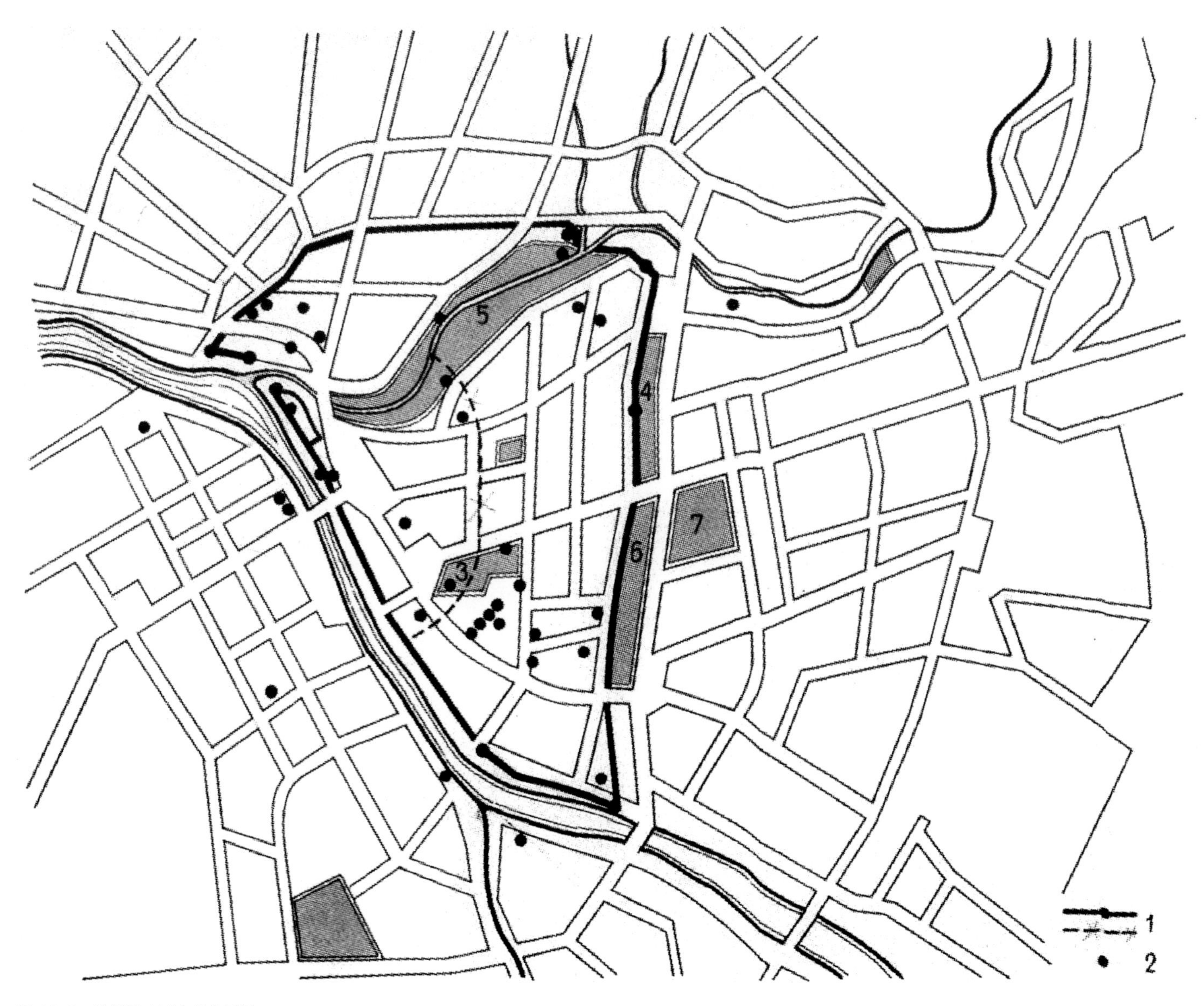

图12-9 普斯科夫城市绿地系统

1-要塞城墙；2-建筑古迹；3-普斯科夫游击队员公园；4-普希金花园；5-普斯科夫河公园；6-植物园；7-体育场

基辅是俄罗斯文明的发源地，公元988年开始，东正教从拜占庭帝国传入基辅罗斯，由此拉开了拜占庭和斯拉夫文化的融合，并最终形成了占据未来700年时间的俄罗斯文化。

基辅自古以来就以规模宏大的园林和森林著称。公元前5世纪，希腊历史学家格罗多特（Геродот）曾提到过位于第聂伯河下游的花园。11世纪时，年史编撰者聂斯多尔（Нестор）曾形象地描绘过基辅—佩乔尔修道院（Киево-Печорский монастыр）中的苹果园，该修道院于1051年由亚罗斯拉夫·木德雷（Ярослав Мудрый）所建。6世纪在基辅彼得罗夫斯克以及吉利洛夫斯克修道院就建有花园。1631年在主教院建造了园林，时至今日这里仍然保留着数以百计的树龄在400年以上的古老橡树。1710年，彼得大帝在基辅期间，在今天的“五一”花园的园址上曾经建有一个皇家花园，该花园的风格影响了俄罗斯传统园林艺术的发展。1748年，同样在“五一”花园的园址上，开始建造由拉斯特列里（в. Растрелли）所设计的园林。1839～1848年，建成了基辅大学附属植物园。19世纪中叶，在第聂伯河的两侧坡岸上建造了一个面积为10hm^{2}的“弗拉基米尔小山”公园。1890年，基辅建造了著名的普希金公园，该园以成群栽种的美丽的乔灌木林著称。1914年始建的基辅动物园最初面积为23hm^2，它有着独特的自然风景以及建筑布局。

1917年，基辅城市建成区公共绿地面积为543.8hm^2，1941年达到800hm^2。战后，政府为恢复原有绿地做了大量工作，并建造了许多新的绿地。基辅的绿地系统依托森林而形成，在其周围形成的森林公园保护带成为城市的一部分。绿地系统将小区公园、街心花园、林荫路结合在一起。在建成区，公共绿地分布均匀，极大地改善了城市的生态条件。

二战后，政府对第聂伯河沿岸公园建设做了大量工作，其用地被处理成台地形式。在河的右岸斜坡，铺设了一条同堤岸平行的园路，并建造了许多园林建筑。位于第聂伯河右岸的中央文化休息公园最为引人注目，它是在原有的一些古老园林的基础上，通过对设施欠完善和尚未绿化的右岸山坡上的荒地进行开发后扩建而成的。而河的左岸同样建设了约2000hm^{2}的水上浴场、活动站及公园群。今天的第聂伯河沿岸公园形成了一连串水体和绿带，绵延30km见不到尽头，如同珍珠项链般镶嵌在城市版图上。

1977年，基辅建有66个公园，232个街心花园，以及33条林荫路。城市建成区公共绿地面积达到3745hm^2，人均公共绿地面积达到20m^2，远期规划指标为40m^2。但如果将城市所有类型的绿地都计算在内，基辅的人均绿地面积已达到82m^2。而在整个市域范围内的绿地总面积现为53400hm^2（含森林公园），约占城市总面积的65.6%。此外在城市的外围还拥有150000hm^{2}的天然森林（图12-10）。

12.2.7 明斯克（Минск）

明斯克是白俄罗斯的首都，位于欧洲东部，第聂伯河上游支流斯维斯洛奇河畔，白俄罗斯丘陵明斯克高地南部。面积约159km^2，人口约181万（2007年）。城市地形较为平坦，间有丘陵和高地。从明斯克的公园、森林公园及其他类型绿地类型的规划结构来看，其绿地系统近似于莫斯科和基辅的规划风格（图12-11）。

1947年时，明斯克公共绿地仅有30hm^2，人均公共绿地约3m^2。斯维斯洛奇河穿过整个城市，当时该河水量很少。明斯克现代绿地系统的建设始于向斯维斯洛奇河引水。在水库的帮助下，一条由水体和绿地构成的轴线从西北到东南穿过整个城市，轴线被规划为绿地系统的一部分，成为城市布局的中心。二战后的城市就是沿着这条轴线发展起来的，沿河建设有广场、游园、公园等。在城市边缘，河道变宽，水量增加，形成美丽的风景，改善了城市周边的环境。整个绿化空间将各种不同的建筑群统一为一个整体。城市郊区的森林公园以及休憩区和谐地充实了由城市公园、街心花园林荫道构成的绿地系统，丰富了城市景观。

12.2.8 基希纳乌（Кишинев）

基希纳乌，苏联加盟共和国摩尔多瓦首都，位于欧洲中部德涅斯特河支流贝克河畔，面积120km^2，人口约79.4万（2012年）。

19世纪之前，基希纳乌有了典型的乡村景观。第一个城市发展计划于1834年确定，开始规划建设一个公共花园和一些街心花园，在当时该城市生活了将近3.5万人，在此之前城市绿地基本上仅限于市民房屋周围的一些小花园。19世纪末，花园、葡萄园以及菜园的占地面积达到城市用地的60%，但几乎所有这些绿地都位于郊区。20世纪初，城市中增加了一些面积不大的街心花园。1945年，基希纳乌人均公共绿地面积为3m^2。卫国战争结束后，在进行城市的恢复性建设时，建造了第一个大型公园——中央文化休息公园，面积50hm^2。

按照城市总体规划，基希纳乌1952年还要建设5个总面积达250hm^{2}的公园，以及总面积为119hm^{2}的街心花园及林荫路，它们将构成统一的绿地系统，并使得城市的人均公共绿地面积达到13.7m^2。此外，还计划在城市周围建设新的大型绿地。1967年，城市及其外围的森林保护带中建造了总面积为1000hm^{2}的多个森林公园，但是由于城市的快速发展，规模过于庞大的森林公园建造计划影响了城市内部的其他用地建设。

1969年，通过了新的城市总体规划，按照这项规划，将建设一个覆盖整个城市

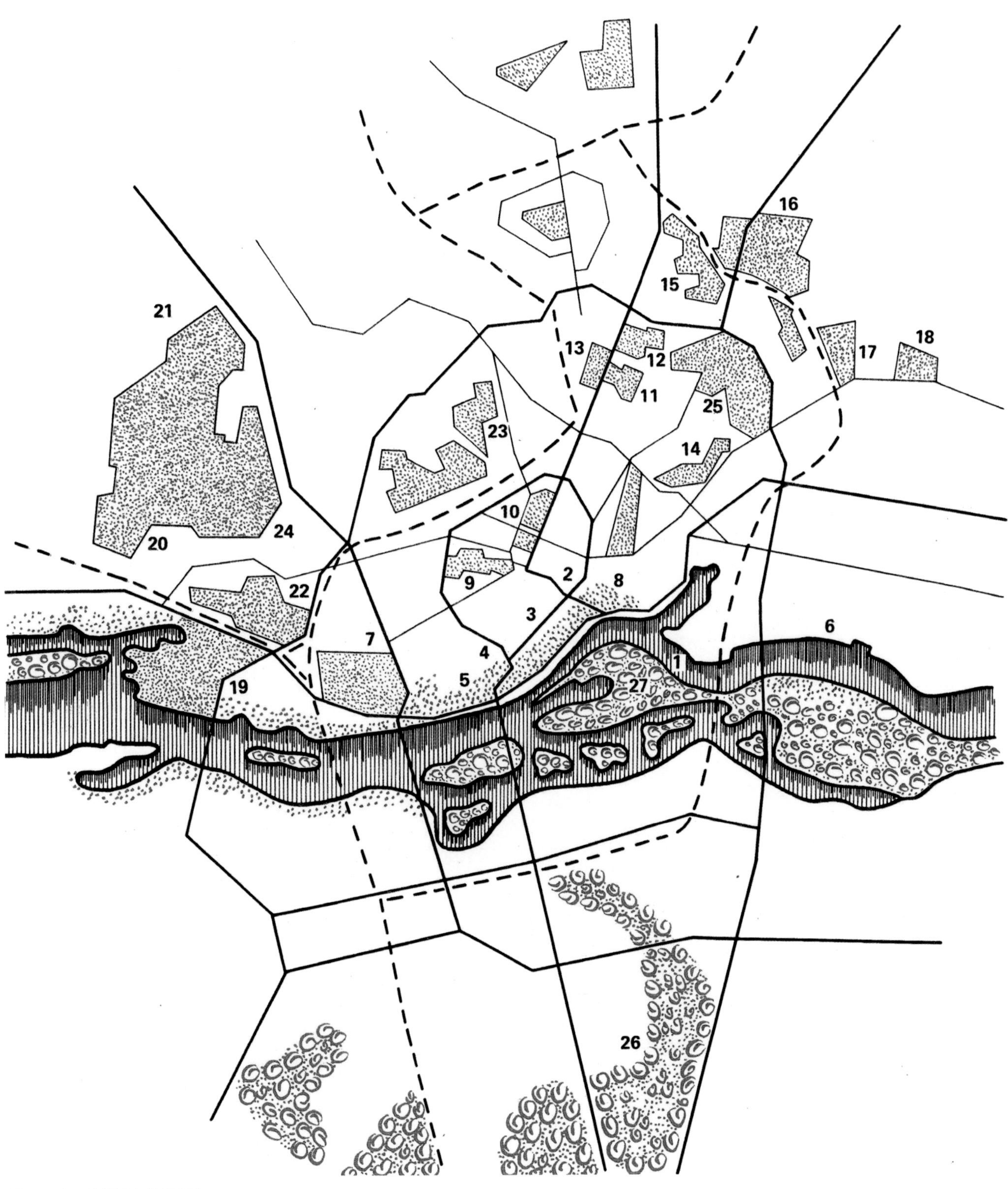

图 12-10　基辅城市绿地系统

1- 中央文化休息公园;2- 少先队员公园;3-"五一"公园;4- 苏维埃公园;5-"光荣永存"公园;6- 友谊公园;7- 乌克兰科学院植物园;8- 费拉基米尔小山;9- 国家体育场;10- 基辅植物园;11- 动物园;12- 普希金公园;13- 工学院公园;14- 十月革命 40 周年纪念公园;15- 列宁共青团公园;16- 瑟列兹基公园;17- 卓娅公园;18-"花卉"公园;19- 捷特里乌安斯基森林公园;20- 戈罗谢耶夫斯基公园; 21- 国民经济成就展览会; 22- 秃山; 23- 铁路区花园; 24- 莫斯科区花园; 25- 巴比悬崖; 26- 新达尔尼查公园; 27- 第聂伯河水上公园

图 12-11　明斯克城市绿地系统

的绿地系统：在地势较低的地方兴建绿地，而建筑物建在小山丘上。在绿化建设过程中，街心花园、林荫路以及街道绿化起到了重要作用。

1981 年，基希纳乌公共绿地面积达到 830hm^2，人均 18m^2。相应的，城市外围森林公园带的绿化面积达到 2352hm^2，人均 52m^2，但是绿地在城市中的分布并不均衡。按照计划，河谷应该成为贯穿整个城市的水体绿地轴线；城郊的绿地，不应被建筑物所隔开，而是应该以楔形嵌入城市，连接城市中心部分的公共绿地，继而发展成大片整块的绿地（图 12-12）。

12.2.9 第比利斯（Тбилиси）

第比利斯，苏联加盟共和国格鲁吉亚首都和政治、经济、文化及教育中心，是高加索地区的重要交通枢纽；它位于大高加索与小高加索之间，濒临格鲁吉亚中东部库拉河（р.Куры）畔，地处外高加索的战略要冲。第比利斯同时也是格鲁吉亚最大城市，面积 348km^2，人口 115.25 万（2010 年）。

第比利斯拥有自己独特的苏联南部城市特色。老城区坐落于海拔 400 ～ 500m 的库拉河岸上。库拉河是城市的自然轴心。干燥炎热的夏季，少雪的冬季，贫瘠的土壤，复杂的地形，使得这里城市绿化的条件并不理想，绿化通常只能在山坡上进行，在道路两侧种植树木。

1921 年，城市人口 34.5 万人，公共绿地面积只有 73hm^2。现在城市各类绿地总面积达到 9246hm^2，占整个城市面积的 26.5%，其中包括 794hm^2 的公园，30hm^2 的花园，123hm^2 的街心花园以及 90hm^2 的林荫路。在树种选择上，松树并不是乡土树种，但经过引种驯化，如今在山坡上大面积使用，且长势良好；而白蜡树、橡树、金合欢、榆树的栽种并不多。城市周围的原始森林基本都是阔叶林，它们保证了夏天的多荫、凉爽而不干燥，保持了空气和土壤中的湿度；而冬天，通透的林木空间为阳光的照射创造了条件。近年来，第比利斯大规模扩充了乔灌木种类，阔叶树品种以及其他观赏植物品种均大大增加。

第比利斯的园林绿化具有独特的地方风格，这尤其体现在挡土墙的设置，用当地石材制成的围栏，台地花园、水利设施的利用，鲜艳的南方植物的应用，民族陶瓷材料的应用等，正是采取了这些手段，使得第比利斯的园林具有浓郁的高加索民族风情。设计师在园林中还喜爱使用体现地域风格的雕塑，发挥了良好的艺术效果。此外，老城区所进行的绿化工作，是在不破坏古老色调的情况下所进行的，建筑物的美被尽力地强调出来。

近期，第比利斯城市规划研究所制定了新一轮总体规划。按照这个规划，计划进一步大规模增加绿地面积，尤其是扩展城区的公共绿地面积，使得人均绿地达到 12m^2；确保绿地在城市中分布均匀；建造大型公园、森林公园；建设沿库拉滨水绿化体系；最大限度地增加郊区的植被栽种，在城市周围形成森林公园带（图 12-13）。

12.2.10 巴库（Баку）

巴库，苏联加盟共和国阿塞拜疆首都，里海港口城市，外高加索第一大城市，苏联重要的石油基地，位于里海西岸阿普歇伦半岛南部。其面积 2192km^2，人口近 300 万（2008 年）。

在炎热的半干旱气候条件下，巴库原先几乎没有自然植被。1880 年城市绿地面积只有 3hm^2，到 1920 年，这一指标增长到 20hm^2。20 世纪 30 年代，巴库建造了一个山地公园，完善了街道绿化，新建了大量街心公园。1960 年，城市绿地面积已达 1600hm^2。沿着卡斯皮河的宽阔的林荫路呈一条 4km 长的生物走廊。1971 年城市人均公共绿地面积达到 9.5m^2；而到 1975 年末。巴库的各类绿地总面积已达 5744hm^2，在这 5 年中，在新建的街心花园、公园以及林荫路里栽种了大约 200 万株乔木以及 400 万株灌木，城市人均绿地面积增加到 38.6hm^2（其中人均公共绿地面积 17.5m^2）。1981 年，城市各类绿地总面积达到 9600hm^2，人均公共绿地面积增长到 20m^2。苏联时期，巴库非常重视绿化养护工作，精心照料城市各处的绿色植物，并重视扩展绿化面积，建造了许多大型的公园和森林公园，如面积达 277hm^2 的“友谊公园”。此外，还对城市工业区进行了绿化，建造了卫生防护隔离绿化带（图 12-14）。

海滨公园和基洛夫文化休息公园是巴库最重要的公园，在这两块大型绿地的基础上建立了非常著名的健身区，在医生指导下，来访者可以在此接受具有保健效果的疗养。

12.2.11 帕尔努（Пярну）

帕尔努，苏联加盟共和国爱沙尼亚的西南部城市。在里加湾东北部，帕尔努河口附近。城市总面积 2810hm^2，人口 5.3 万（1985 年）。14 世纪辟为海港，曾加入汉萨同盟。19 世纪末成为疗养区。有鱼类加工、亚麻纺织、机械制造和食品加工厂等，是爱沙尼亚重要的交通和文化中心，滨海疗养胜地。

帕尔努建于 700 多年前。现有公园和森林公园总面积 500hm^2，人均绿地面积将近 100m^2。其中，滨海公园建于 1878 年，是目前城市中最大的也是最美丽的公园，面积 46hm^2。夏季，城市中郁郁葱葱的树冠很好地为行人遮挡太阳光，冬季公园中的树木有效挡住了吹向帕尔努海湾沙滩上的寒冷的北风。

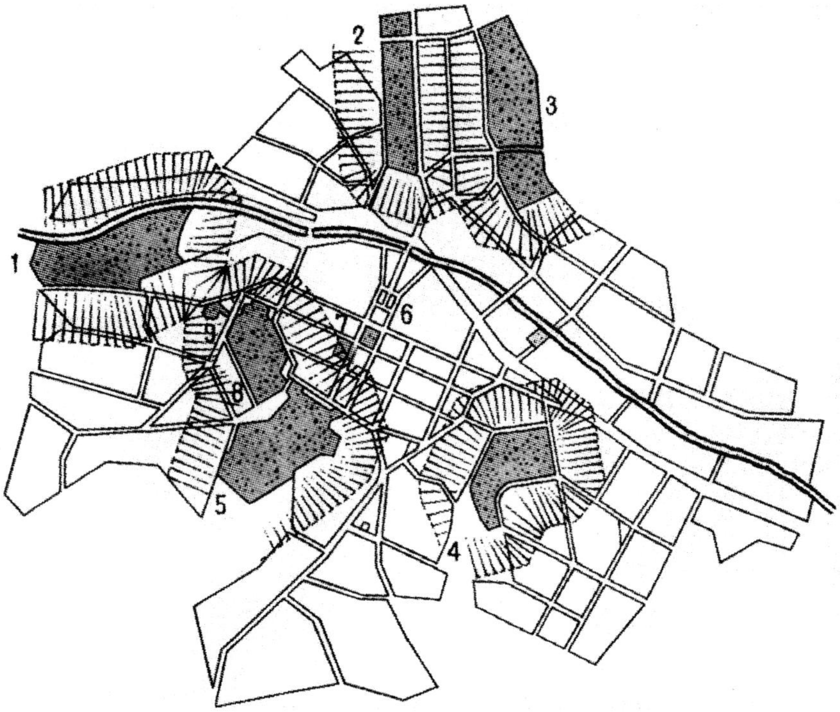

图 12-12　基希纳乌城市绿地系统

1- 河滩公园；2- 森林公园；3- 雷什科诺夫公园；4- 列宁公园；5- 中央文化休息公园；6- 胜利公园；7- 纪念公园；8- 树木园；9- 古比雪夫纪念公园

帕尔努拥有良好的城市绿化，美丽的花园、街心花园以及林荫路随处可见，这是几代市民的功劳。居民们小心地保护了几个世纪的树木，使城市变为一座花园。目前，城市中主要生长着 58 种灌木，52 种阔叶树，25 种针叶树。除了普通的橡树、椴树、榆树外，还有不少珍稀树种，如香脂冷杉、塞尔维亚云杉、西伯利亚落叶松、维尔吉尼亚刺柏、阿穆尔软木、意大利杨树等等。

帕尔努老城中心区形成于几个世纪前，作为文化遗产受到国家保护。而现代建筑物的建设强调与老城风格的协调统一。如今城市中还有很多带有篱笆或栅栏的私人房屋，它们每一处都独一无二，而将它们结合到一起的就是那些从早春到晚秋一直盛开的花灌木。对于城市居民来说，帕尔努留下了独特的记忆。为了使城市内部的绿化与城市外围的森林公园结合到一起，许多工厂企业被要求从海岸边搬走。

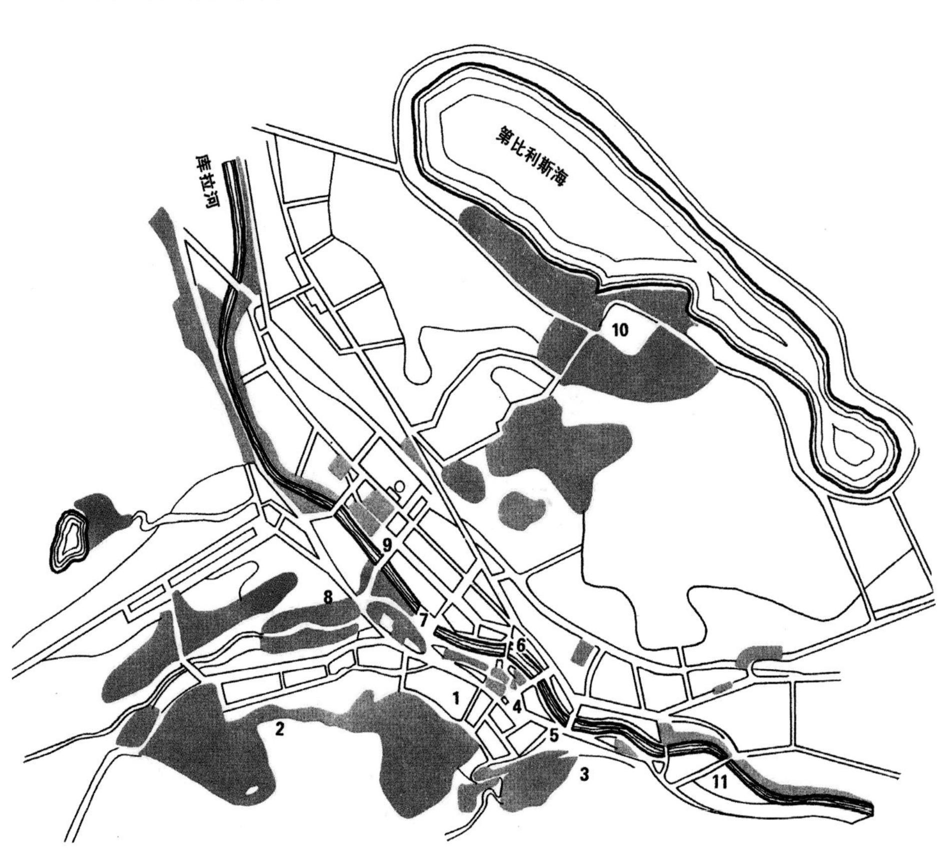

图 12-13　第比利斯城市绿地系统

1- 姆塔兹明德山上的文化休息公园；2- 瓦克区的文化休息公园；3- 植物园；4- 公社社员公园；5- 共青团林荫道；6- 库拉河岸上的花园；7- 基洛夫公园；8- 动物园；9- 奥尔忠尼启则文化休息公园；10- 第比利斯海岸文化休息公园；11- 沿马尔涅乌里斯基公路的绿化带

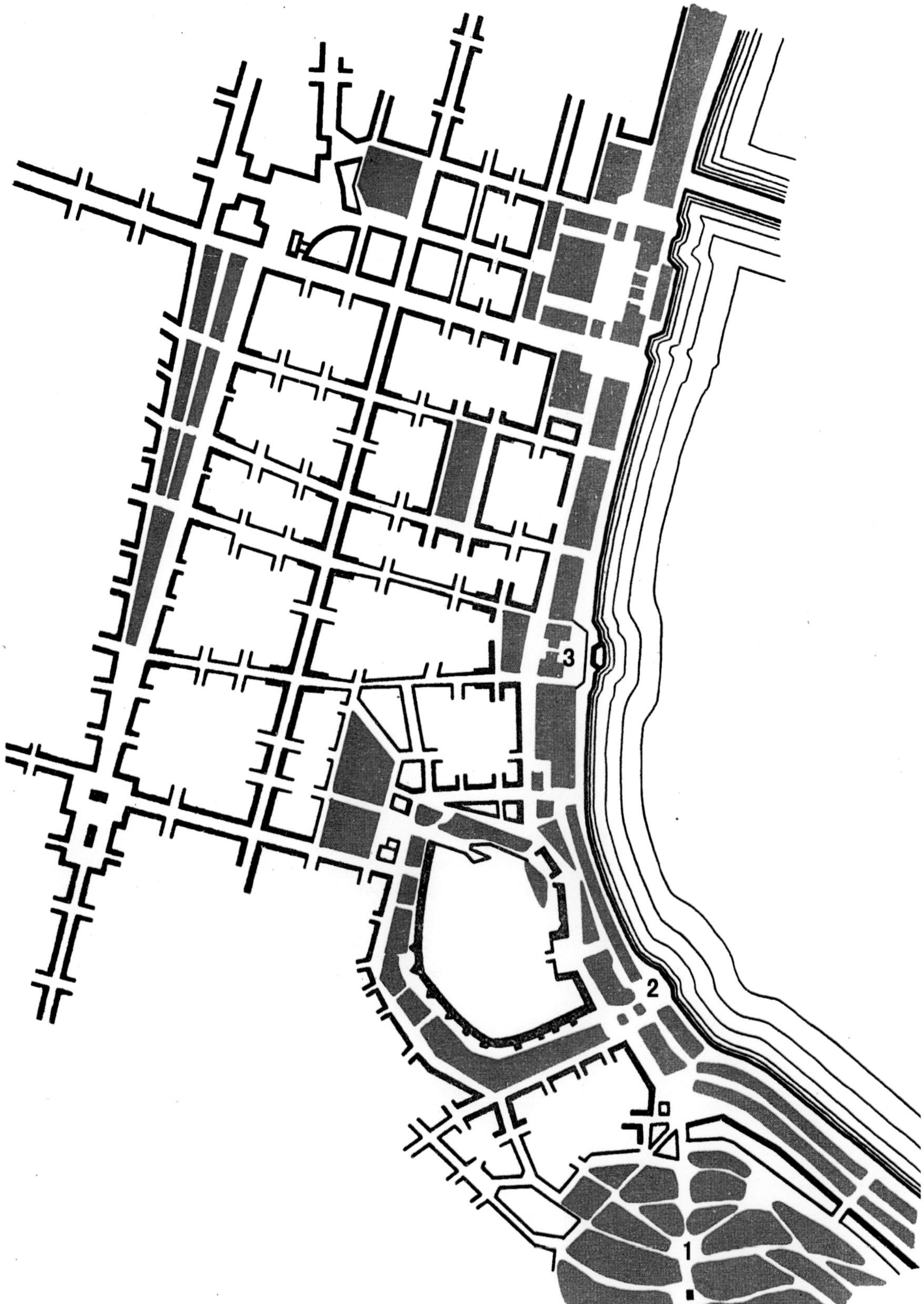

图 12-14　巴库城市绿地系统

1- 基洛夫文化休息公园；2- 海滨公园；3- 要塞花园

附录A　俄罗斯现代风景园林学科的先驱 Т.Б.杜比亚戈生平、成就及影响

A1　杜比亚戈生平

俄罗斯现代风景园林学科的先驱杜比亚戈教授（附图A-1），1899年3月5日出生于沙俄旧都圣彼得堡（苏联时期称“列宁格勒”）。时值俄国十月革命前夕的动荡年月，也许是深受圣彼得堡这个欧洲园林艺术之都的濡染，杜比亚戈幼年即表现出对造园的浓厚兴趣和高超的绘画天赋。然而当时国内并没有一所大学开设风景园林专业，她于是选择进入列宁格勒市政建设学院（现圣彼得堡建筑工程大学）建筑系城市规划专业学习，因为那里开设有一些和造园相关的课程。1926年杜比亚戈完成了毕业设计“列宁格勒州沃罗达尔斯基区域规划”（Планировка части Володарского района）的答辩，以优异的成绩顺利毕业并留校任教，担任居民区规划教研室讲师，同时进入列宁格勒市政府下设的规划委员会兼职从事城市规划工作。

1933年，在斯大林领导下的苏维埃政府加速国家工业化和城市化进程的大背景下，当时的列宁格勒林学院（现圣彼得堡林业技术大学，附图A-2）从市政建设学院和农学院（现圣彼得堡农业大学）抽调师资，依托其历史悠久的林业系设立了苏联第一个城市绿化建设专业（1945年后改称“城市及居民区绿化专业”，озеленения городов и населенных мест），并成立了相应的教研室。年轻的杜比亚戈作为师资骨干，受命负责教研室的筹建，由此开启了她在列宁格勒林学院26年的教学、科研与实践生涯。期间，1941年，杜比亚戈在列宁格勒林学院通过论文答辩，获得苏联第一个园林绿化领域的科学副博士学位；1952年，她又获得当时苏联唯一一个该领域的科学博士学位[①]。自卫国战争结束后的1945年直到1959年去世，她一直担任列宁格勒林学院城市及居民区绿化专业的负责人，同时也是苏联在相当长的一段时期内该领域唯一的一名教授和学科带头人（苏联的教授很少，通常一个专业学科只有一位教授），为俄罗斯现代风景园林学科的建立和发展倾注了毕生的心力。

附图A-1　Т.Б.杜比亚戈(1899～1959)

附图A-2　圣彼得堡林业技术大学主教学楼

① 苏联和俄罗斯的科学博士学位不属于高等教育范畴，获得副博士学位者经过一段时间的工作，通常5～10年成为某一学科学术带头人之后，有权申请科学博士学位答辩，如通过，可获得科学博士学位证书。

A2 主要成就

A2.1 苏联城市及居民区绿化专业的创立者和杰出的风景园林教育家

杜比亚戈是苏联城市及居民区绿化专业的创始人。卫国战争前，列宁格勒林学院虽然已经设有当时苏联唯一的城市绿化建设专业，但彼时该专业隶属林业系，尚缺乏真正意义上的独立性，教学体系也不甚完善，也是在摸索中前行。1945 年卫国战争结束后，苏联各城市的恢复重建工作如火如荼地展开，全国各地都急需大量的建筑、城市规划和园林绿化方面的工程技术人员，在此背景下，列宁格勒林学院正式组建了城市绿化建设系，同年改称城市及居民区绿化系，杜比亚戈担任系主任及园林艺术教研室主任。1946 年该系招收了战后的第一届新生 70 名。杜比亚戈主持制定了城市及居民区绿化专业的第一部教学大纲，并编写了园林艺术史、景观艺术理论、居民区绿化、历史园林修复等核心课程的讲义。根据教学计划，苏联的城市及居民区绿化专业学制 5 年，特点是每年暑期都安排生产实践活动，学生毕业后完全具备所学专业的业务工作能力。

作为一名杰出的风景园林教育家，杜比亚戈具有与生俱来的教学天赋。她理论功底扎实而又学识渊博，在园林绿化和城市建设实践领域经验丰富，讲课生动，喜欢旁征博引，循循善诱，具有启发性，深受学生的喜爱，一度被誉为是列宁格勒林学院里最博学的学者。她善于激发学生的创造力和学习热情，同时鼓励教研室的青年教员在教学之外开展学术研究和科研工作。

杜比亚戈十分重视生产实践，在她的带领下，师生们出色地完成了古比雪夫水电站环境景观的规划工作，列宁格勒历史园林古迹的修复工作以及战后在列宁格勒新建的一大批园林绿化项目。到她去世前，由她亲自指导的学生毕业设计共计 300 多件，其中大约 12% 的项目被付诸实施。这些毕业设计作品一度被认为是苏联园林绿化教学成功的典范，“它们总是很新颖，在解决实际问题方面具有原创性”。

作为风景园林方面富有经验的学者和教师，杜比亚戈高度重视学生与知名建筑师、艺术家和科学家之间的交流协作，并努力为他们沟通创造机会。她还首次组织了系里师生对波罗的海沿岸国家的风景园林考察活动，和当地专家交流，让他们熟悉波罗的海地区的城市和公园，尤其是重新认识传统的造园手法并且尽量丰富他们的植物学知识，促进他们的全面成长。

杜比亚戈还十分注重风景园林学科方面的图书、资料搜集工作，在她倡导下，列宁格勒林学院图书馆建立了由建筑学、城市规划学和风景园林学三个方向的文献所构成的资料室，收集了很多珍贵的图文资料，为系里的教学科研提供了良好的条件。

正是得益于杜比亚戈高超的业务能力和领导艺术，列宁格勒林学院成为苏联风景园林学科的教学和科研重镇，在当时社会主义阵营的风景园林高等教育中发挥着重要的影响力。

A2.2 俄罗斯传统造园史研究的奠基人

杜比亚戈是俄罗斯传统造园史研究的奠基人。她于 1952 年提交的博士论文《17 世纪至 18 世纪上半叶的俄罗斯园林艺术》（Русское садово-парковое искусство XVII - первой половины XVIII столетий）是俄国传统园林史学的开山之作。在此之前，苏联的园林史研究只是从属于建筑史著作中的一些章节，往往仅限于对个别艺术作品的泛泛介绍，几乎还没有学者出版过一部真正意义上的本国园林史。杜比亚戈治史之成就得益于她在教学、科研与实践中的长期积累，可谓厚积薄发。她不同于那种终日埋首于书斋典籍里的理论家，她注重客观实际的调查研究，绝不以论代史，人云亦云。由于没有前人的积淀，为了完成博士论文，她的考察足迹几乎遍及当时苏联现存的所有历史园林以及列宁格勒的各个博物馆、档案馆，以获取第一手研究资料。据杜比亚戈的研究生，现圣彼得堡林业技术大学资深教授博戈瓦娅（Боговая И.О.）回忆，当年杜比亚戈论文答辩时，评审委员中不乏当时苏联最著名的建筑师格里姆（Гримм Г.Г.）和特维尔科伊（Тверской Л.М.）等，他们都对这部论文在俄罗斯传统园林史学领域的开创性贡献和方法论意义给予了极高评价。

杜比亚戈将理论、历史与实践有机结合，一生出版了很多著作，其中既有关于风景园林历史与理论的学术论文、专著，也有供师生学习的教材、讲义、教学参考书等，可谓著作等身。但杜比亚戈最重要的一部著作是在她去世之后出版的。1959 年杜比亚戈因病去世后，苏联建筑科学院的一批院士建议把她一生中所有的园林艺术史论文稿都整理出版，这便是 1963 年在列宁格勒出版的被誉为“俄罗斯园林史学界传世之作”的《俄罗斯的规则式园林》（Русские регулярные сады и парки）一书。在院士们联名寄给出版社社长的推荐信中写到：“这部书稿将是未来很长一段时间内研究俄罗斯园林建筑文化方面最有价值的文献，像如此详细和独特的研究在解决我们国家历史园林保护问题上是极其有意义的。”当时苏联的园林艺术专著很少，建筑科学院的倡议信引起了学术界的共鸣，此书因此具有一定的国际影响，被欧美国家许多大学的专业图书馆和资料室收藏。当然，由于当时的种种条件限制，这部书稿只是整理了杜比亚戈全部园林史遗作中关于规则式园林的部分，她关于俄罗斯自然风景园以及其他园林类别的论述至今封存在圣彼得堡林业大学图书馆里，有待后人将其继续整理出版。

杜比亚戈的开创性成就带动和激发了俄罗斯传统造园史研究的繁荣，在她之后，一大批园林艺术史论专著如雨后春笋般不断涌现，重要著作如1969年出版的叶万古洛娃（О. С. Евангулова）著的《莫斯科皇家园林》（Дворцово–парковые ансамбли Москвы），1988年出版的韦尔古诺夫（А. Пвергунов）、戈罗霍夫（В. А. Горохов）著的《俄罗斯园林》（Русские сады и парки），以及中国读者所熟知的1984年出版的作者戈罗霍夫（В. А. Горохов）、伦茨著的《世界公园》（Парки мира）等，它们都从杜比亚戈的著作中汲取过养分，把俄罗斯园林历史与理论研究推向了新的高度。

附图 A-3　修复后的夏花园景色

A2.3　俄罗斯历史园林古迹修复学派的开创者

在当今历史园林文化遗产的保护与修复领域，俄罗斯苏联学派以其独特的理论体系和二战后杰出的实践成就而独树一帜，杜比亚戈正是这一学派的开创者。

早在20世纪30年代，受列宁格勒市政府文化教育局的委托，杜比亚戈艺高人胆大，独立主持了彼得大帝所钟爱的皇家花园——夏花园的修复工程。夏花园坐落在列宁格勒市中心涅瓦河畔，始建于1704年，是圣彼得堡的第一座花园，在俄国园林史上具有里程碑意义。1824年起，夏花园成为一座开放式的公共园林，深受市民喜爱，然而1877年的一场突如其来暴风雨几乎将其彻底摧毁，此后它又经历了数十年动荡的革命岁月，到杜比亚戈接手时早已一片荒芜。杜比亚戈在充分研究了大量档案资料基础上，分析出了花园最初的结构布局，她列出了工程所需的文献清单，制定了夏花园的恢复方案，修复了花园南、北两个出入口以及沿着天鹅运河的一系列古迹，恢复了园内原有的水池、茶室和丛林、花坛以及林间

附图 A-4　修复后的夏花园入口处喷泉

附图 A-5 修复后的夏花园中央林荫大道

空地，在规划图纸上圈定了数十尊意大利雕像以及座椅的点位。经由她的妙手，这座优雅的古典园林得以脱胎换骨，重展风姿。夏花园的成功修复是杜比亚戈带领师生历经多年艰辛所完成的，取得了巨大的教学意义（附图 A-3 ~附图 A-5）。

1941 年，杜比亚戈提交的副博士论文《夏花园的修复》（Реставрация Летнего сада）是该领域技术理论与实践的集大成者。她依托实际工程案例，总结出修复历史园林的基本模式和要则。她认为：进行修复工作之前首先应该全面了解历史园林的特性，以便获取到有关其状态的详尽数据。这些特性包括：土壤条件、地形以及土层、水流系统、道路网和场地，清点植物（特别是古树名木）、建筑物、小品和雕塑等。应该尽可能从图书馆、资料室、博物馆中大量搜集平面图、版画、历史照片等能反映恢复对象在不同时期存在状态的全部自然和文史资料。她大胆提出：保护历史花园最有效的措施便是建造新的缓冲花园，应将缓冲花园置于离历史建筑群最近的、自然条件良好的地方，使花园在短期内有完善的设施。她提醒：修复历史园林绝不能仅仅着力于宫殿、凉亭等建筑单体的重建和装饰，而是应将其置于整个园林环境中综合考虑制定整体的恢复方案，在修复中保护乔灌木植被与建筑单体之间合理的尺度关系。这部论文经过 10 年的不断修改补充，于 1951 年由苏联建筑文献出版社出版，至今仍在国内外被不断引用。

卫国战争期间，列宁格勒几乎所有的皇家园林建筑群都遭到严重破坏。在战后重建过程中，作为苏联历史园林修复方面最具权威性的人物，杜比亚戈担任了彼得宫、奥拉宁鲍姆、巴甫洛夫园、加特契纳等众多著名园林修复工程的专业咨询总顾问。她还亲自制定了皇村叶卡捷琳娜园修复工程的总体方案并付诸实施，最终取得了成功。

1990年，圣彼得堡历史中心区及相关古迹群作为一个整体列入世界文化遗产保护名录，这其中凝结着杜比亚戈教授的心血和汗水。

A2.4 技艺全面、作品丰硕的著名设计师

作为大学教授，杜比亚戈并非严格意义上的职业设计师，但在其并不长久的一生中，又被教学和科研占据了大部分时间的情况下，她依然完成了众多优秀的设计作品。大学毕业后，她在市规划委员会兼职，这段时间充分发挥了她作为城市规划师的天分。20世纪30年代，她参加了列宁格勒保护规划的前期工作，独立承担了奥赫塔（Охта）区域及涅瓦河右岸历史区域的保护性规划。

1941年，苏联卫国战争打响，列宁格勒遭受德军惨烈的炮火围困长达900余天，这期间，包括杜比亚戈在内的林学院的部分师生被分批疏散到中亚地区乌兹别克斯坦首都塔什干，她短暂担任塔什干城市绿化部门负责人。在此期间，杜比亚戈带领学生进行了大量生产实践工作，她对塔什干的城市绿地系统进行了重新规划，设计了著名的乌兹别克斯坦农业技术学院植物园，塔什干铁路工人花园等，还完成了大量城市道路绿化设计。至1944年重返列宁格勒复校前夕，她结合工作共发表了15篇有关乌兹别克斯坦城市绿化建设的论文，这是苏联园林学界第一次关注中亚地区城市园林绿化，为该地区园林事业的发展指明了方向。经过半个多世纪的发展，今天的塔什干已成为中亚地区名副其实的花园城市。

杜比亚戈在园林设计方面最重要的作品是位于列宁格勒市南部的莫斯科区的著名文化休息公园——莫斯科胜利公园（Московский Парк Победы）。有关该公园的景观特色，已在前文有专门介绍，此处不再赘述。

杜比亚戈技艺全面，在城市规划、建筑设计、园林设计、古迹修复、绘画等方面都有着很深的造诣，一生获得各类设计奖项无数。20世纪50年代在一次乌拉尔地区的城市公园项目的全国竞赛中，她领衔的列宁格勒林学院团队所创作的方案包揽了前两名的好成绩，并在首届全苏联女建筑师建筑科学工程展上展出，她因此被苏联建筑师协会授予最高荣誉奖。

A3 影响

杜比亚戈本人很重视对外交流。冷战时期，意识形态的不同使得东西方两大阵营几乎在各个领域都相互对峙，即便如此，鉴于杜比亚戈的成就和声望，20世纪50年代在奥地利和芬兰举行的两次重要的风景园林国际会议上，她都被推选为大会主席。

1949年中苏建交后，苏联在20世纪50年代派出大量援华专家。杜比亚戈所在的列宁格勒林学院也派出了多名学者到北京林学院等高校指导教学科研工作。遗憾的是，由于常年的超负荷工作，晚年的杜比亚戈一直疾病缠身，加上当时园林专业在国内不受重视，她终究未能跟随同事一起来到中国支援园林绿化科教事业，因此杜比亚戈的名字在中国园林界也鲜为人知。但是，由她制定的城市及居民区绿化专业教学大纲几经辗转，1951年被中国教育部获得，在当时号召全面学苏的背景下，最终成为北京农业大学和清华大学合办的造园组开设专业课程的指导性纲领，在中国现代风景园林学科建立的初期发挥了应有的历史性作用。1957年底赴苏联攻读园林绿化方面副博士学位的郦芷若先生曾经回忆："当时苏联的林业院校中，列宁格勒林学院最具权威性，城市绿化方面唯一的一位教授（杜比亚戈）也在列宁格勒林学院，由于她身体欠佳未能接受我这个中国留学生。"[①] 郦芷若先生于1961年学成回国，而在此之前的1959年，杜比亚戈教授已与世长辞。

A4 结语

2009年，杜比亚戈教授诞辰110周年之际，她的纪念碑在圣彼得堡林业技术大学主楼揭幕，自同年起，由该校主办，以她的名字命名的风景园林学国际研讨会已经举办了数届。现任圣彼得堡林业技术大学风景园林系主任梅利尼丘克（И. А. Мельничук）在一篇纪念文章中写道："毫无疑问，杜比亚戈教授受人敬重，她是一个品德高尚的人，她的一生极其有原则性，她认真负责地培养我们的学生，各国的专家都承认她的威望……她在城市规划方面具有优秀的专业素养，在风景园林创作方面具有超人的天赋和极强的艺术表现力，她是那个年代为数不多的真正掌握了风景园林学科本质的杰出教育家和实践家。"这大概代表了当今俄罗斯风景园林界对杜比亚戈这位杰出女性的一生最中肯的评价。

---

① 引自《风景园林》学刊2009年第4期在P59刊登的专题——"中国现代风景园林60×60"中，对郦芷若先生的访谈。

参考文献

[1] Арцибаншев Р.А. Декоративное садоводство[M]. Москва: 1941.

[2] Боговая И.О., Фурсова Л.М., Ландшафтное искусство[M]. Москва: 1988.

[3] ВекслерА.И.Ботанические сады СССР[M]. Москва: 1949.

[4] Вергунов А.П., Горохов В.А. Русские сады и парки[M]. Москва: 1988.

[5] Вергунов А.П., Горохов В.А., Садово–парковое искусство России от истоков до начала XX века[M].Москва: 2007.

[6] Гловач А.Г. Фенологические наблюдения в садах и парках[M]. Москва: 1951.

[7] Горохов В.А. Зеленая природа города[M]. Москва: 2005.

[8] Горохов В.А., Лунц А.Б. Парк мира[M].Москва: 1985.

[9] Гостев.В.Ф.,Н.Н.Юскевич. Проектирование садов и парков[M].Москва: 2012.

[10] Делиль Ж. Сады[M]. Ленинград: 1987.

[11] Дубяго Т.Б. Русские регулярные сады и парки[M]. Ленинград: 1963.

[12] Залесская Л.С., Александрова., Озеленение городов. Справочник арх[M]. Москва: 1960.

[13] Залесская Л.С. Курс ландшафтной архитектуры[M]. Москва: 1964.

[14] Иванова О.А. Композиция паркового ландшафта.Дисс[J]. Ленинград: 1960.

[15] Иванчев И. Парковая перспектива[M]. София.: 1965.

[16] Исаченко И.Г. Природа Северо– Зпада России[M]. СПБ.: 1995.

[17] Капаклис А. Рижские городские сады и парки[M]. Рига.: 1952.

[18] Киричек Ю.К. Ландшафтные композиции денлропарка Тростянец. СБ.Ландш.арх[M]. Киев.: 1969.

[19] Косаревский И.А.Искусство паркового пейзажа[M]. Москва: 1977.

[20] Косаревский И.А.Парки Украины[M]. Киев.: 1961.

[21] Кругляков Планировке городских садов[M]. Ленинград: 1955.

[22] Лунц Л.Б. Зеленое строительство[M]. Москва: 1952.

[23] Мелько И.М. Садово–парковое строительство и хозяйство[M].Москва: 1951.

[24] Николавская З.А. Водоем в ландшафте парка[M]. Москва: 1963.

[25] Ожегов С.С.История ландшафтной архитектуры[M]. Москва: 2004.

[26] Палентреер С.Н. Ландшафтное искусство[M]. Москва: 1963.

[27] Палентреер С.Н. Ландшафты лесопарков и парков[M]. Москва: 1968.

[28] Покровская Г.В., Бычкова А.Г. Климат Ленинграда и его окрестностей[M]. Ленинград: 1967.

[29] Пряхин В.Д. Лесные ландшафты зеленой зоны Москвы[M]. Москва: 1954.

[30] Рубцов Л.И. Садово–парковый ландшафт[M]. Киев.: 1956.

[31] Рубцов Л.И. Проектирование садов парков[M]. Москва: 1964.

[32] Сахаров А.Ф.Основные приципы построения ландшафтных композиций реконструированных парков. Ландшафтная архитектура[M]. Киев.: 1976.

[33] Тарановская М.З. Карл Росси: Архитектор. Градостроитель. Художник[M]. Ленинград: 1980.

[34] Тверской Л.М. Композиция паркового пейзажа в перспективном изображении .СБ. Зел. Стр–во[M]. Ленинград: 1956.

[35] Тольпано Н.М. Рубки ухода в лесах зеленых зон[M]. Москва: 1968.

[36] Черкасов М.Н. Композиция зеленых насаждении[M]. Л. – Москва: 1954.

[37] Шигодев А.А., Шиманок А.П. Сезонное развите природы[M]. Москва: 1949.

[38] Шиманок А.П. Биология древесных и кустарниковых

пород СССР[M].Москва: 1964.

[39] Шишков И.И. Строение корней ели и их значение в практике лесного хозяйства. Тр. ЛХА № 71[J]. 1953.

[40] Шумаков В.С Типы лесных культур и плодородие почв[M]. Москва: 1963.

[41] Щепотьев Ф.А. Дендрология[M]. М.– Ленинград: 1949.

[42] Щербинский Н.С. Сезонные явления в природе[M]. Москва: 1948.

[43] Щукина Е.П. Памятники садово– парковой архитектуры в структуре современного города Памятники архитектуры и современная городская застройка[M]. Москва: 1973.

[44] Эйтинген Г.Р. Лесоводство[M].Москва: 1949.

[45] Яблоков А.С. Интродукция быстрорастущих и технических ценных пород для лесных и озеленительных посадок[M]. М.– Ленинград: 1950.

[46] 赵纪军．中国现代园林：历史与理论研究 [M]. 南京：东南大学出版社，2014.

[47] 郝维刚，郝维强．欧洲城市广场设计理念与艺术表现 [M]. 北京：中国建筑工业出版社，2008.

[48] 赵迪．俄罗斯园林概述 [J]. 中国园林，2007(03).

[49] 赵迪．俄罗斯园林的历史演变、造园手法及其影响 [D]. 北京：北京林业大学，2010.

[50] 朱砂．俄罗斯大型纪念性公共艺术的特点 [J] 艺苑，2012（4）.

[51] 刘敏．苏联的植物园 [J]. 中国园林，1991（1）.

[52] 贺善安，张佐双，顾姻等．植物园学 [M]. 北京：中国农业出版社，2005.

[53] А.И. 维克斯列尔编著．中国科学院植物研究所北京植物园译．苏联植物园 [M]．北京：科学出版社，1957.

[54] 李明滨主编，乔征胜副主编．俄罗斯文化名人庄园丛书 [M]. 济南：山东友谊出版社，2007.

[55] И.О. 鲍加瓦娅，杜安，彭忱霖．俄罗斯的自然风景园 [J]. 风景园林，2008（2）.

[56] 杜安，赵迪．俄罗斯大型纪念性城市广场及其景观特色研究 [C]// 中国风景园林学会 .2013 年会论文集（上册）. 北京：中国建筑工业出版社，2013.

[57] 杜安，岳强．叶卡捷琳娜二世时期的俄罗斯传统园林艺术 [J]. 中国园林，2013（1）.

[58] 杜安，林广思．俄罗斯风景园林专业教育概况 [J]. 风景园林，2008（2）.

[59] 杜安．北方的荣耀—俄罗斯传统园林艺术 [M]. 北京：中国建筑工业出版社，2013.

[60] （苏）弗·阿·戈罗霍夫等著．郦芷若等译．世界公园 [M]. 北京：中国科学技术出版社，1992.

[61] 杜安 .18 世纪上半叶的俄罗斯规则式园林艺术 [J]. 中国园林，2015（4）.

后记

2013年5月，我在中国建筑工业出版社出版了俄罗斯园林研究专著——《北方的荣耀——俄罗斯传统园林艺术》一书。该书面世后，承蒙学界好友们的热心支持，《中国园林》学刊和《建筑时报》、《园林在线》等媒体都作了专门推介，《中国风景园林网》还连续多期在头条作了全书部分内容的转载。很多前辈师长、校友、同事鼓励我在工作之余，将俄罗斯园林这一选题研究继续下去，特别是希望加深对俄罗斯现代园林景观，即苏联园林的了解，因为这项专门研究目前在国内实际上还处于空白状态。

身处行业实践第一线的我深知，这项学术工作需要花费大量的时间和精力，单靠我个人是无法在短期内完成的。我虽在俄罗斯生活学习多年，但由于硕士论文选题的涉及范围主要限定在中国传统造园艺术对18、19世纪的俄罗斯园林的影响方面，加之当时学业十分繁重，因此对俄罗斯现代园林关注的精力非常有限，只是借着节假日去各城市考察的机会造访了大量比较著名的现代公园，但也很不系统。好在当时圣彼得堡林业技术大学风景园林系的资料室为我搜集俄罗斯各时期园林景观方面的资料提供了方便，三年里我作了大量的相关笔记，影印了很多专业材料。另外，借着客居国外的便利，陆续购买了莫斯科、圣彼得堡各大书店里几乎能见到的所有有价值的专业书籍，特别是我在二手书市上淘到的苏联早期出版的一些园林书籍，有些甚至已是海内孤本，连俄罗斯同学也羡慕不已。靠着这些养分为依托，我诚惶诚恐地向中国建筑工业出版社的吴宇江编审报告了再写一本《俄罗斯现代园林景观》的设想，立即得到了他的鼓励。

除此之外，我的写作计划还得到了天津大学建筑学院赵迪学姐的积极响应，她愿意跟我合作，共同完成此书。赵迪在2010年初在北京林业大学获得博士学位时，答辩论文题目正是《俄罗斯园林的历史演变、造园手法及其影响》，对俄罗斯现代园林景观早已颇有研究，在此之前她曾赴俄罗斯对传统和现代园林作过系统考察。因此，她的提议对我来说无疑是极大的支援。

接下来的写作过程也就变得顺利起来。我以赵迪的博士论文为基本骨架，以苏联学者戈罗霍夫和伦茨等的一系列重要著作为参照，拟定了全书的篇目结构，并结合在俄罗斯多年考察研究所积累的资料，对书中涉及的三十多个实例和十几个城市的绿地系统进行了具体的分析介绍；赵迪撰写了全书的总论部分，对俄罗斯现代园林景观的发展历程作了全面梳理，并对部分实例进行了补充；最后由我对全书进行配图和统稿。

书稿付梓之际，首先要感谢的是我和赵迪的母校——北京林业大学园林学院的诸位老师。在北林求学的经历是我们终生难以忘怀的愉快回忆，是老师们的言传身教将我们带入现代风景园林学科的学术殿堂，为我们后来的研究和实践工作打下坚实的基础。

感谢在我留学期间，圣彼得堡林业技术大学风景园林系的诸位老师，同学们给予我的帮助。特别是已过耄耋之年，仍然在教学第一线默默耕耘的我的导师博戈瓦娅教授。依稀记得在2007年冬日的一天，和我同班的其他3位俄罗斯硕士同学因故未能按时到校，年事已高的导师坚持为我这个异国学子一个人授课，要我去学校附近的住所接她。一月的圣彼得堡漫天大雪，室外气温骤降至 -30℃，我在最寒冷的一天，搀扶着患有腿疾的导师，踏着校园森林公园厚厚的积雪，深一脚浅一脚地向远处的教学楼走去……这一幕情境我至今记忆犹新。

感谢我们的工作单位领导，上海市园林设计院的朱祥明院长、庄伟副总工和天津大学建筑学院风景园林系的曹磊主任等的大力支持，为我们在工程实践或教学之余，花费精力从事这样一项基础性的学术研究工作提供了便利和良好的氛围。

感谢上海外国语大学俄语语言学博士岳强在俄文文献资料整理以及俄语译名校对方面给予的悉心协助。

最后要感谢的是中国建筑工业出版社的同仁们一如既往的支持，特别是吴宇江编审在本书策划、出版方面提出的真知灼见。

本书的集中写作过程历时一年多，尽管全书在结构上已经较为完整，相关实例的选择也颇具代表性，但统观全书，仍只是一个阶段性的成果，若按严格的学术尺度来衡量，研究深度还很不够，特别是对于苏联和俄罗斯著名风景园林设计师的生平及其设计理论的介绍，对于俄罗斯现代风景园林学科发展脉络的梳理还比较薄弱，尚有待我们在后续研究中进一步发掘整理。除此之外，还需向读者说明的是，书中所刊登的实景图片，除绝大部分为我在俄罗斯实地拍摄外，尚有部分图片多年来搜集自相关书籍期刊、网页或个人，由于历时久远，已很难追溯源头，在此要向这些图片的作者致歉，也希望他们看到本书后，及时与我们联系。

当前，中俄两个文化艺术大国之间的关系正处于历史最好水平。自2006年起，两国先后互办“国家年”、“语言年”、“旅游年”和“青年友好交流年”，民间交往日益密切。本书的出版，希望能进一步增进两国园林文化之间的相互交流、借鉴；更希望我们对北方邻国波澜壮阔的风景园林艺术画卷的解读，能有助于国内同行进一步加深对现代风景园林学科本质的认识。

杜安

甲午夏至 于上海市园林设计院